新视域

网页设计

第四版

倪 洋 | 著

上海人民美术出版社

U0250877

前 言

　　15年前我开始写本书的第一版，那时网页设计作为一个全新的设计领域，没有照搬的模式，没有从属和延续，网页设计师与开发者对彼此在团队的角色和关系都感到困惑而纠结。而我们高校如何展开网页设计教育，如何在艺术与技术之间找到平衡点，这似乎成了网页设计课的核心问题。

　　如今科技环境已经大为不同，信息传达的范围、速度与效率都产生了质的飞跃。过去文中强调的控制数据流量大小等的技术细节已经不再是瓶颈；而新的设计头衔如雨后春笋般冒出来：信息设计师、体验设计师、交互设计师……以往视觉设计师关注视觉和感觉，信息架构师关注内容与结构；而现在，新一代网页设计师不能拘泥于有限的知识框架，视觉设计师只有不断增强交叉应用设计的能力，才能适应不断变化的时代。本书的重点也更多地讨论如何把视觉设计师的专业知识整合到整体流程中，如何实践网页设计的人性化、易用性设计等问题上。

　　值得一提的是，在界面风格的阐释上，本书初版时，书中推出了很多带着符号以及视觉隐喻的拟物化的图标和界面，当时设计师费尽苦心寻找合适的视觉隐喻和行为隐喻，以此津津乐道作为网站基础页面，我们看到的精彩的页面是多元与个性化的。随着Android、Windows-phone和IOS的降临，我们进入了交互设计的后隐喻时代，现代设备的用户界面以内容和数据为中心，页面控件的认知度已降至最低，当前界面设计的趋势是扁平化和视觉元素的简化，简化到了视觉元素仅有文本、单色图标和直线扁平图表以及卡片。这也是本书再版时面临的困惑，原先眼花缭乱的网

前　言

页构图，如今变得统一而单纯，那么我该如何引导读者认识数字化、信息化时代的网页风格呢？

　　我相信优秀的视觉界面和任何优秀的视觉设计一样，在视觉上应该是高效的，再版此书时我还是强调了平面设计原理在网页设计中的应用，并引用大量实例深入分析网页界面设计，那些充满个性的、曾经引导视觉潮流的网页设计案例我并没有删去，希望读者可以借此看到技术的发展与视觉美学发展的关联，在阅读完前三章内容后，能形成一套系统的网页设计理念，可以在驾驭原则的基础上传播信息，同时又能成为传递美的使者。此书的第五章介绍了适合艺术类学生学习的网页设计技术，展示了我们美院多位学生作品的案例，从这些作品中我们看到真正有魅力的设计是设计者的思想、素养、对艺术的理解及表现技术的综合体现。

　　网络对艺术设计行业同时造成了威胁和机遇。从创造视觉层次上，设计师面临了更大的挑战。而任何设计的最终目的都是为人所用。希望读者在阅读此书时能够融会贯通，可以根据实例举一反三，多行实践，将思想和物质的信息打包，打造高效的视觉界面设计，通过互联网与全世界分享你的成果。

倪洋

目录

目 录

CHAPTER 1
网站整体设计

自古以来，人们一直在寻找以视觉符号表达自己情感的方式，探索以图形存储自己记忆的方法，尝试把信息传达程式化和简单化的方法。文字的产生、印刷术的发明与电脑技术的日新月异，都代表了这种探索的发展，而互联网技术的发展更为明证。在我们所处的信息时代，人类的生存和生活都不可避免地建立在数字化信息之上。互联网的出现加速了人类生存方式变异的进程：人机间对话的时间逐步增加了，人与人间的直接对话慢慢减少了，信息传播的费用大大降低了；同时设计方式也开始发生变异，物化设计将逐步被虚拟的网络设计替代，动态设计取代静态设计；而艺术的空间领域、设计的技能领域以及设计师和消费者的整个认知系统都将随之发生根本性的转变。互联网将时空的距离化解为零，我们都处于一个互联的世界之中。

第一节　明确问题

在互联的世界中，网页设计师成为这个虚拟世界的建筑师，他们把网页元素中完全不同的部分凝聚为一个整体，让网站用户达成每一个目标，并确保用户浏览网站时心情愉快，感觉得心应手，在互联的世界中自由翱翔。网页设计的工作不是设计花哨的屏幕，而是要设计具启迪意义并且富有洞察力的虚拟空间，为所有的设计——从页面布局到在线社区——推荐一整套最优方案。好的网页设计绝不是单纯因为天才的创意或者灵感爆发的瞬间而产生的，我们在创建网站前必须分析要解决的问题，以明确的路线提示信息，提供工具指引用户，让观光客驻足（图1）。

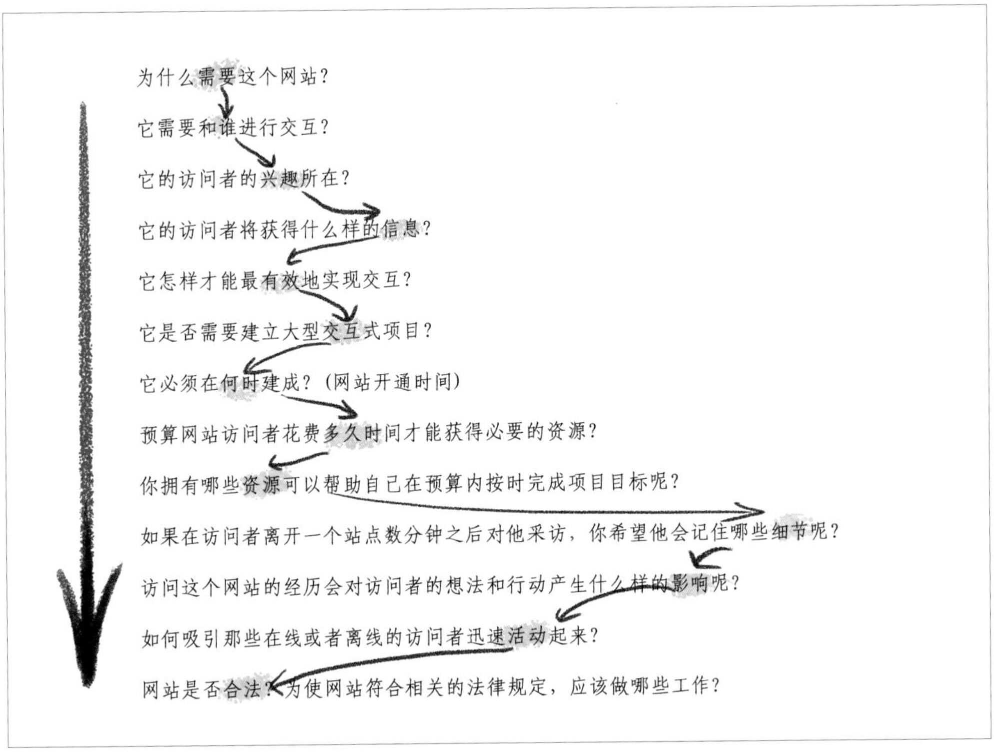

为什么需要这个网站？

它需要和谁进行交互？

它的访问者的兴趣所在？

它的访问者将获得什么样的信息？

它怎样才能最有效地实现交互？

它是否需要建立大型交互式项目？

它必须在何时建成？（网站开通时间）

预算网站访问者花费多久时间才能获得必要的资源？

你拥有哪些资源可以帮助自己在预算内按时完成项目目标呢？

如果在访问者离开一个站点数分钟之后对他采访，你希望他会记住哪些细节呢？

访问这个网站的经历会对访问者的想法和行动产生什么样的影响呢？

如何吸引那些在线或者离线的访问者迅速活动起来？

网站是否合法？为使网站符合相关的法律规定，应该做哪些工作？

图1　如果你想创建一个网站，首先要问自己这样几个问题。

第二节　网站制作流程

科学化的网站制作流程是保障网站建设顺利进行的基础，只有做好系统化的规范流程才能完成预定的网站开发目标。而网站建设这样的系统工程，需要各种开发人员的介入，网页设计者有必要了解这方面的知识，养成良好的设计观念和合作方式。现在简单介绍一下网站制作流程（图2）。

策划网站：这一阶段内容包括确定网站目标、主题和定位网站风格等工作，可以说这是网站建设成败的起点。

收集资料：资料收集往往是最耗时、最困难的一步。对于个人网站而言，网站的内容大多依靠资料的收集，当你拥有了所需要的资源就等于成功了一半，如果你没有获得这一半，那么另一半也可能被迫停止。

网站布局规划：策划人员需要根据主题和内容设计目录，依据风格和创意设计布局。完成一张明确的网站布局图，可以使网页制作工作非常轻松。

色彩搭配：色彩是传递信息、表达情感的使者，不同的色彩搭配可以产生不同的效果，给人不同的联想空间。因而好的配色方案是引导受众的入口。

链接设计：设计有效的链接可以使网页的内容更加丰富，使浏览者可以在多个页面之间自由跳转。

界面设计：界面设计将有效地传递之前策划的内容。对于一些大型商业网站，我们可以先设计其主页，再设计一级页面、二级页面，然后把这两个页面做成模板或库，供其他页面套用，最后再为一些特殊的页面做些设计，这样就可以建成整个网站。

申请域名和空间：网站在本地计算机上制作完毕之后，需要为其在网上找到一席之地，为此需要申请域名和空间。

上传网站：有了存放网页的空间，就可将制作好的网页上传到网络上供大家浏览。为此可以使用网络空间提供的FTP工具上传，也可以使用一些专用的FTP工具上传。

广告宣传：网站设计得再好，也需要宣传才能为人所知。网站品牌的建立和发展，除了技术方面的因素，更重要的是网站自身内容和其他渠道的宣传。

维护更新：一个富有生命力的网站需要经常更新内容，只有不断地推陈出新才能吸引更多的浏览者。

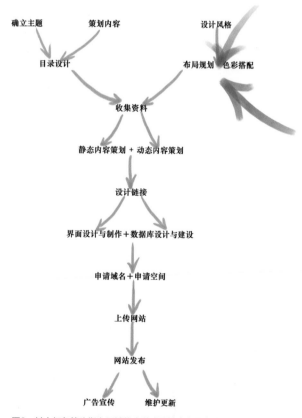

图2　其中红色箭头指向区域代表艺术设计者主要完成的部分。

第三节　网站中的界面设计

界面是个体间相互联系的通路或空间。在网站中，界面是网站和用户进行交互的工具或技术，它包含该网站的内容和用户获取内容所需的工具。界面设计的目标是有效传递该网站所提供的内容，并使浏览者与之交互。

网站的界面设计有其自身的特点，我们需要了解如下几个概念。

网站——由一个特定人群和组织控制的一组网页的组合。通常，网站都有一个主页，其中包含该网站的标志和指向其他网页的链接，单击链接即可打开下一级网页。有些网页本身也有超链接，可以指向其他网站或内容。

网页——组成网站的基本单元。一个网页通常就是一个单独的HTML文档，其中可能包含文字、图像、声音、链接等。在设计专业网站时，首先要考虑网站的结构，只有在设置合理的结构后才能有效地设计网页的内容和各项元素。

UI——User Interface，用户界面。用户界面是指人与系统的连接空间，通过此界面，用户能够从中获得并处理信息，最充分地实现此过程的互动。

GUI——Graphical User Interface，图形用户界面。图形用户界面是相对纯文本而言的，它通过图形构成用户与系统间的界面。其代表就是计算机的Windows操作系统。在传统的GUI设计中，设计者可以控制屏幕上的每一个像素，他清楚在什么系统上操作，屏幕会有多大，安装了什么字体。然而，在网络中，用户最终控制网页间的导航，用户也许会采用设计者完全没有意识到的路径。因而，在网络中，许多适用于GUI设计的假设都不能用了。设计者无法预知用户的屏幕有多大。用户可能通过传统的计算机访问网络，也可能用手写的掌上电脑、移动电话甚至是汽车作为互联网设备。

屏幕分辨率——一个像素是屏幕上成千上万的点中的一个，如果屏幕的分辨率是1024×768像素，屏幕上就有786432像素，这些像素聚在一起形成了一个数字影像。像素是数字影像的基本元素，它可以被用来构建任何图像，网页设计中最重要的因素是终端用户，目前最常用的PC网页尺寸为：1024×768，1366×768，1280×800，1280×1024，1440×900；而智能手机界面的屏幕分辨率根据大小有着不同的尺寸，Android的屏幕分辨率最常用的尺寸为：480×800，720×1280；IOS常用的屏幕分辨率为：640×1136，750×1334，1242×2208。目前电商类、门户类、资讯类主流网站

图3　Palettable.io是一家配色网站，用户可以根据"喜欢""不喜欢"制定配色方案，我们看到网站采用响应式设计，根据使用平台不同，网站布局会随分辨率而变化，但内容没有发生变化。

页面宽度都是996像素（例如淘宝、腾讯、知乎），国内网站大部分的页面宽度都以一千像素为界限，这样保守的做法是为了保证大部分用户舒适地浏览网页，当然未来高分辨率的用户将越来越多，有些专业网站是为专业人士和喜欢用最新的电脑设备和高分辨率的人服务的，那么可以把网页分辨率设置得更高。

页面大小——浏览器的窗口就像一个取景框，可以通过水平或垂直方向的滚动，展现更多页面内容。需要注意的是，不能因为页面可以通过滚动来浏览，就无限增加页面尺寸。相反，设计者要小心地确定页面尺寸的大小，网络页面一般都是垂直的，长度可以变化，从一屏到三屏不等，有时更多，但超过三屏时，浏览者往往会产生厌倦感。我们也应避免同时在两个方向上设置滚动屏幕。一般应尽量避免在水平方向上的滚动，但有时为产生特殊效果，例如宽荧幕效果，展示宏大场面等，也有些网站出奇制胜地在水平方向上设置滚动。

在网络中，我们必须放弃所见即所得的概念，因为网页在不同设备上的外观会有显著不同。大显示器的像素数量是手持设备的100倍左右，而快速传输数据线的传输速度比调制解调器快上千倍。为了适应有限的空间，考虑到使用高分辨率的访问者，在平铺背景图像时，应避免平铺背景图像造成的副作用；考虑到使用低分辨率的访问者，应注意背景图像的宽度，避免浏览时产生水平滚动条。因而在变幻莫测的网络环境中做设计，要经常测试自己的页面，这是永恒的法则。有些网站采用响应式设计，基本原则是适应不同设备、屏幕、分辨率、操作方式，以此保证信息在不同环境下表现一致，保证可交互可操作。响应式设计采用相对的百分比值来布局页面，从而使网站内容的大小根据分辨率的变化而变化。其优势在于，我们可以不考虑分辨率而更有效地利用空间。其缺点在于，如果分辨率发生变化，布局的样式或插入图片的清晰度等也会发生变化。使用Flash动画制作网页可以随分辨率的变化而调整布局的相对大小，这虽然可以解决上述问题，但是，一般的网站如果使用全画面的话，工具栏、地址栏等选项就会被遮蔽，页面的信息结构也会发生一定的变化（图3—8）。

图4　Kazustyle网站像是与浏览者玩折纸的游戏，网站不同的信息被折放在不同的纸面上，"折纸"的过程并没有让用户感到厌倦，因为在页面的右侧有不同页面的导航信息，无论用户浏览到页面的什么部分，都可以通过右边地图式的导航回到首页。

图5 Island records音乐网站的界面就如大笔一挥留下的线条，长条形的界面为浏览者提供了大量的信息。

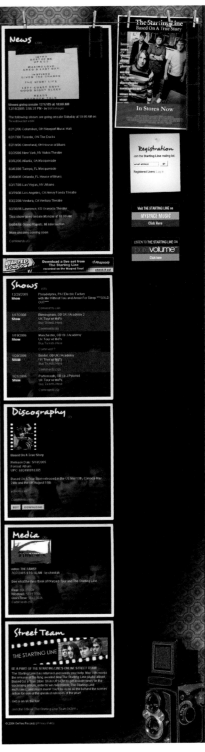

图6 网站中的信息被白色的框架分割了出来，一页页的信息就如晒制的照片，被木夹固定在页面顶部，页面底部透出了一架传统双孔120相机，一切都反映出这个音乐网站的冷酷气质。

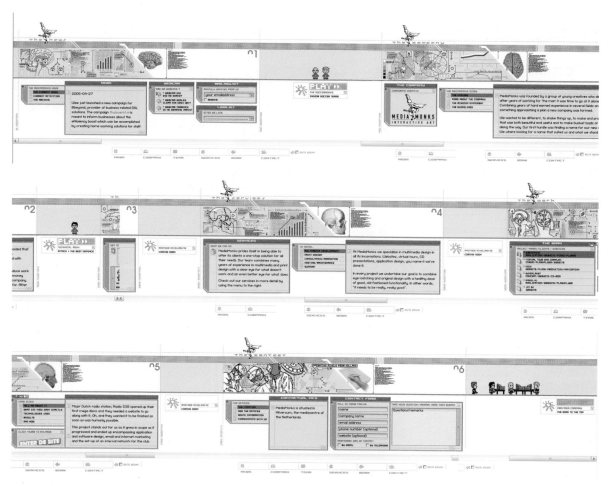

图7　Mediamonks是一个设计咨询类公司的网站，网页没有循规蹈矩地按照标准的页面尺寸设定，而是设计了水平方向滚动的多屏页面，展示庞大的信息量，同时它也在界面下侧设计了回到任何一级页面的导航，让用户不至于在它游戏式的界面中迷失。

图8　该网站在水平方向设计了多屏页面，不过每个页面标题清晰，用户很容易就可以找到需要的内容。

第四节　界面风格

网页界面设计，是在有限的屏幕空间上将视听多种元素有机地排列组合，并将理性思维个性化地表现出来的设计。不同的网页界面具有各自不同的风格和艺术特色。

网页在传达信息的同时，不同的界面风格也在感官上产生不同的美感，带给人不同的精神享受。界面的设计风格取决于它的观众和目标，例如以搜寻为诉求的内容网站界面往往简洁明了，以服务为诉求的购物网站界面往往多姿多彩，以表现自我风格为诉求的个人网站界面往往华丽而怪异，以公司作业为主的内部网站往往界面严肃而端庄……一旦网站的性质被确立，你就可以设计其界面风格了。

界面设计风格根据其空间表现形式，又可以分为二维感或三维感的（图9—14）。

在讨论界面风格之前，我们暂且将页面构成分成如下要素。

标题：包含网站名称、标志、标语等

功能选单：包含导航器、按钮、控件等

主题内容：包含各种文字、图形、动画、多媒体等

临时性内容：包含版权信息、广告、调查结果等

（1）这是最常见的版面配置，多数企业网站采用这样的界面。因为人们有从左向右阅读的习惯，所以设置醒目的左置导航条是许多设计者的首选，其好处在于多数用户都已经习惯这种浏览方式，用户点选菜单和查找信息都比较方便（图15、16）。

（2）这是入口网站或是新闻类内容网站较常用的界面配置。设计者将主题内容区集中在页面中央，配合左侧功能选单做内容转换，视觉上很流畅（图17、18）。

（3）这种版面多见于内容信息较少的页面，或首页之前的欢迎页面。主题内容区一般安排大面积的图像，这种网站架构较单纯，功能性不复杂（图19、20）。

（4）这种版式在界面右侧和下侧分别设置功能选单，这样浏览者就可以采用主选单搭配次选单的方式选择信息，这对于内容或项目较多的网站非常适用（图21、22）。

图9　二维感的

图10　二维感的

图11　三维感的

图12　三维感的

图13　三维感的

图14　三维感的

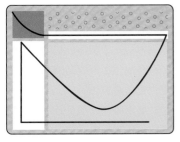

图15

图16

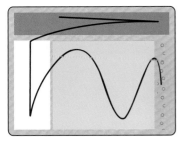

图17

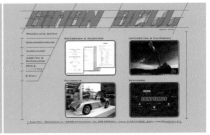

图18

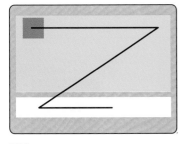

图19

图20

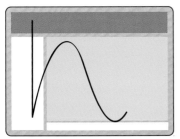

图21

图22

（5）这样的版式常见于网站的子页，网站的内容一目了然（图23、24）。

（6）有些网站把功能选单的部分设置到了正中间，把导航栏放在浏览者触手可及的位置，这种常用于信息量较大的销售类网站（图25、26）。

（7）上下都设功能选单的网站通常结构较为严谨，这样的版面将访客的视线固定在一个框架之中，比较能集中浏览者的注意力（图27、28）。

（8）这样的网站配置主要以纵向为视觉流程的主轴，条理清晰，这对于功能分类较多的网站非常适用（图29、30）。

根据传统的方法，我们在一个平面的二维空间内考虑页面布局，也就是上下左右四个方向。如果我们把每个模块抽象成为一个平面，从三维的角度来看，有了前后的关系，一个页面就可以被看作N个层的重叠，通过层之间的互相透视，二维上形成一个页面，最终呈现给用户的二维视觉感。在三维空间内，再复杂的布局也是多个层的叠加，同时根据浏览器解析代码自上而下的特性，可以随意调整各模块的显示顺序，很多存在于二维布局方法的难题迎刃而解。实际项目中最常见的是二维三维布局混合使用，一个页面可以叠加N个层的内容，每个层内又可进行二维操作，于是能轻松实现很多复杂布局，有更多创意空间。网络是新型的互动媒体，除了页面间的空间关系之外，时间等因素造成的四维互动心理空间也是值得进一步研究的课题。我们不得不承认网络的潜在空间是无限的。

图23

图24

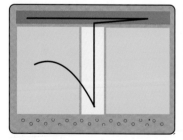

图25

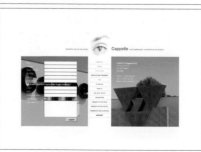

图26

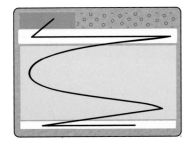

图27

图28

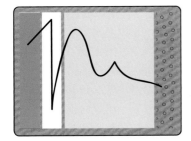

图29

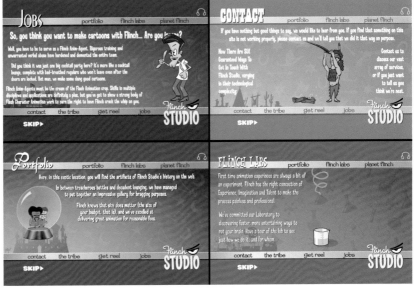

图30

第五节　网站设计者的定位

一、面临的问题

互联网是一种访问信息的革命性的方法，正因为如此，我们需要从一种不同的角度来考虑网站设计者的定位。设计师一方面依托了流传几个世纪之久的排版传统，另一方面需要依靠电脑这个相对较新的载体，所以大部分网页设计师经历了一段困顿而黑暗的时期。网站设计者由电脑爱好者、专家和业余爱好者之类人群组成，他们对网络所具有的激动人心的潜力有着无限憧憬，但对视觉设计原理知之甚少，或制作出的网站华而不实。但这并不能改变HTML不适合图形设计的特质。2000年之后，人们对"标准化"的网页技术有了更多的关注，CSS给予了设计师制作漂亮网页所需要的工具，让从未被使用过的排版控制成为可能。如今，虽然尚处于幼年期的"网络媒体"其复杂程度与日俱增，但其中很大一部分的排版设计还是很初级的。关于网站视觉设计理念，目前主要有以下三种趋势：

1. 倡导可用性

可用性倡导者认为，网站功能性至上，对可用性产生妨碍的艺术设计都应该被避免。华丽的视觉效果，炫目的脚本设计，这些都是倡导可用性者反对的。于是，为了高效作业，为了批量生产，为了突出网站的功能性，我们在市面上看到了大量韩式、欧式、美式风格的网站模板。网页设计师只负责技术的实现，客户可以直观地选择已有的模板，网站视觉效果完全是次要的。这样必然导致设计质量下降，以及同质化的严重问题。这些网站设计师根本不了解网络媒体的语言和特性，他们对影像不敏感，对交互不敏感，对声音不敏感，对艺术话题不敏感，这样创作出来的网站往往是勉为其难的应急跟风之作。

2. 倡导美观性

倡导网站美观性者将网站提升到"体验"的高度，他们认为出色的视觉设计能够赋予网站意义，提供语境，唤起情感。网站应该利用网络这种媒介的独特性，刺激、吸引、愉悦、迷住访问者，并使其相信网站的专业性和可靠性，指导用户完成任务。认为美感至上的网站设计者往往忽略了网页设计与传统平面设计之间的区别，一些技术性问题，例如可以使用多大的文件，以及我们期待在页面显示中使用多少个像素，并没有在设计时被周详地考虑，最后导致网站成为一副华而不实的虚架子。

3. 平衡美感与功能性

随着时间的流逝，平衡美感与功能性的想法开始成为主流。网站设计者已经意识到，网站的功能与形式，不一定相互冲突。对于访问者而言，设计是透明的、看不见的，界面是自然、直观的，以至于用户根本没有察觉到它的存在。这样的界面，就是标准的成功界面。

在高科技迅猛发展的时代，知识的更换对艺术设计师的考验是严酷的，因为网页设计是一个全新的设计领域，没有照搬的模式，没有从属和延续。网页设计不仅涉及平面构成、色彩构成、CI等美学方面的知识，还涉及Java、JavaScript、HTML、CSS等编程语言方面的知识。在网页设计这个领域，没有网页技术的产生和迅猛发展，根本无从谈起"网页设计"。技术为设计创造了表现的基石，设计又根据需要不断地向技术提出新的要求，促进技术的进步。网页设计涉及的内容要比单纯的图像设计多得多，因而网页设计师既是平面设计师又不同于平面设计师。但任何设计形式又有其规律和标准，这就需要设计师运用已有的知识，有针对性地借鉴、评判、吸纳、运用与发挥。对于艺术设计师而言，更重要的是在设计语言和设计理念上进行创新。如何平衡网络工程师的创造意图与网络时代全新的传媒艺术语汇，如何创造出符合人们审美需求的网络设计符号又不影响网站的功能性，这些都是需要我们去探索的。任何设计最终都要为人所用，特别是网页设计的艺术表现，它既是传播信息的载体，又是传递美感的使者，或许以人为本便是一把验证的标尺。

二、设计者的任务

近年来我国的网络技术发展非常快，网站数量急剧增长。网页设计提供商的规模大小不等，从只有一两个人的私人工作室，到多达上千人的网站维护一条龙服务的公司，各种规模应有尽有，当然其设计水平也参差不齐。有些只能做简单的相册型页面设计，有的能建互动性极高的商业站点。综观国内的网页设计水平，整体不容乐观，除了一些大型网站在界面编排上比较讲究之外、鲜有界面设计考究、意境丰富的中文网站。目前，我们所培养的艺术设计师已经落后于迅速发展的时代。美术科班出身的平面设计师，也许发现数月啃下的网页设计软件秘笈，用于制作交互性较强的网页时就如杯水车薪；而电脑专业出身的编程员，由于缺乏艺术创造力和设计技能，往往机械式地罗列内容，设计出的界面毫无美感。所以，网页设计因其高技术含量而比平面设计更难。软件和编程技能的掌握可能需要几个月，而创造力和设计品位的提高更需要潜移默化，非一日之寒。艺术设计者应该为自己生存在这个时代感到庆幸，因为信息时代为设计师们提供了得天独厚的发展环境。计算机技术的发展为设计师提供了得心应手的创作利器；而由无数台计算机相连而成的互联网则更具威力，它改变了设计师的工作方式与表现手法。网页设计师肩负着这样的重任。

1. 确定网站CI

所谓CI（Corporate Identity）就是通过视觉来统一企业的形象。一个优秀的网站和一个实际存在的公司一样，需要整体的形象包装和设计。

网站CI设计内容包括：网站标志、标准色彩、标准字体、宣传标语等等。网站是开展电子商务的信息平台，也是反映企业形象和宣传企业文化的重要窗口。从宏观上讲，网页形象设计应该是统一的、整体的、便于识别的。设计人员应该根据产品属性，分析目标用户与企业制定的CI识别系统进行扩展和延伸，设计出新的符合网页属性和精神取向的形象识别系统，使浏览者快捷、准确、全面地认识它、了解它。

2. 创建交互界面

网络交互界面介于人类与机器之间。界面将随受众的反馈智能地变化或改进，又能即时反馈给受众。设计师应努力研究人们如何运用思维，如何建构知识框架，如何获取、处理和组织信息，以设计出更符合人们认知习惯的网页界面，让用户毫无痕迹地穿梭于网络世界。

3. 实现不同的功能

在网页设计中，形式永远是为功能服务的。网页设计的流行倾向经历了几次巨大的变革。随着用户和访问频率的急剧增加，网站必须把多余的纯装饰性的东西省略，以提高网站的可读性，实现不同的功能。无论设计风格如何变换，网站制作的重点都离不开实现可操作性、功能性，而且这种倾向将越来越明显。

4. 完善网页之间的链接关系

超链接是网络的灵魂所在，它由特殊的文本、图形和一个URL组成，当用户单击一个链接时，浏览器就根据URL指定的位置自动下载相应的内容，使网页的内容更加丰富，浏览者可以在各种主题之间自由跳转。设计者在规划好网站的总体方案后，就必须要考虑各个网页之间的关系，网页与网页间的结构是星形、树形、网形还是直线形的？链接混乱、层次不清的网站会给浏览者造成阅读的困难，因此链接关系建立的好坏是判断一个网站优劣的重要标志。

5. 创造视觉美感

在网络上，用户时常四处移动，单击各种东西。每个网页都必须与成千上万的其他网站竞争，以吸引浏览者的注意力。人们对美的追求是不断深入的，网页不是把各种东西放上去，能看就行，而应该考虑如何使用户更好地、更有效地、更愉快地接收网页上的信息。这就需要从审美角度出发，制作出清晰、有序、生动的页面，使用户浏览网页的过程变成愉悦的视觉之旅。

第二章

CHAPTER 2
网页布局

在这一章节我们将把网页布局中的视觉元素分为显性和隐性两部分进行分析，隐性元素部分重点讨论视觉流程原理的运用，在显性元素部分，我们将平面设计中的点线面基本元素放置网页设计的框架中，赋予它新的内涵（图1）。

第一节　视觉流程原理在网页布局中的应用

视觉流程的形成是由人类的视觉特性所决定的。因为人眼晶体结构的生理构造，人眼只能产生一个焦点，不能同时把视线停留在两处或两处以上的地方。人们在阅读信息时，视觉总有一种自然的流动习惯，先看什么，后看什么，再看什么。视觉流程在无形中形成一种脉络，似乎有一条线、一股气贯穿其中。页面布局中的视觉流程是 种"空间的运动"，是视线随各元素在空间沿一定轨迹运动的过程，这种视觉在空间流动的线条并不在画面中出现，它却引导了人们的视线。在设计过程中它常常为人忽视，而有经验的设计师却十分重视并擅长利用这些"虚线"来引导浏览者的视觉流程。下面我们就来看看视觉流程原理是如何在网页布局中应用的。

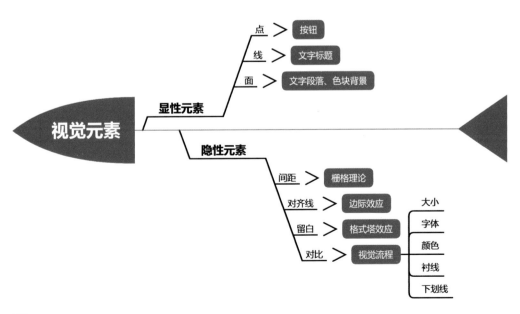

图1

一、栅格理论

栅格系统是一种框架，是一种可以被用来搭建组合的系统，是图形设计的基本工具。使用栅格并非让图形看起来更工整或笔直，而是当事物被组织成直观的直线时运用栅格我们更能理解其结构。人们喜欢组织事物，栅格系统无处不在，城市布局、杂志、报纸的外观等等。有了格栅系统不仅能让我们知道接着该干什么，该按什么或点击什么，还可以使页面变得很漂亮。栅格系统在设计流程中是非常重要的，和排版一起，它们决定了信息的视觉组织形式。

比率是栅格系统的核心要素，有时这些比率是有理数，例如1∶2或2∶3，而有时则是无理数，例如1∶1.618这样的黄金分割比例。划分比例的概念可以追溯到几何思想，毕达哥拉斯和他的追随者们定义了比例的概念，而不是将事物看成一个个单纯的个体；文艺复兴时期艺术家们常用黄金分割点来设计油画、雕塑和建筑。黄金分割点给了我们一个关于美学布局的逻辑性指导。黄金分割点的简化就是三分法原理，被黄金分割点分成两部分的线条，其中一部分大概是另一部分的两倍。

设计栅格系统的难点就是用这些比率来制作出协调的组合。比率通过我们选择的长度单位，应用到栅格系统上。如果我们要利用黄金分割比例的话，在开始布局时，先画一个矩形，将这个矩形横向和纵向部分都三等分，有了这样的格栅，我们就可以放置各种元素了。先放置最大的块，一般是主要内容的块，标识文字可以放置在内容的上方，标识图形放在目录的上方。所以在设计不同的布局方案时，先用格栅划分出三栏作为标识、导航条、内容和注脚。这样的布局是利用栅格理论的典型案例（图2—4）。

图2　页面在无形中被分割成很多块面，这些块面彼此间又是有机的整体。

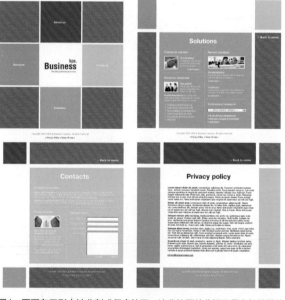

图4　页面在无形中被分割成很多块面，这些块面彼此间又是有机的整体。

图3　页面在无形中被分割成很多块面，这些块面彼此间又是有机的整体。

二、视线轨迹

视线经过的所有关注点可以连接成一条完整的路径，即视线轨迹。打开一个新的网页，我们的视线首先会聚焦在网页中最引人注意的那一点，即视线焦点上。我们可以自发、自觉地利用视觉轨迹暗示对象之间的关系，并根据视觉路径走向排列关键信息，从用户注视信息中推断人们感兴趣或引起注意的内容。

为了使网页传达最佳的视觉效果，设计者往往利用引人注目的视觉元素来实现信息的传达。事实上设计者还要注意到各种视觉元素之间的关系和秩序，灵活而合理地运用视觉流程和最佳视域，适应人们视觉流向的心理和生理特点，组织好自然流畅的视觉导向，这才能保持传达信息的准确性与有效性（图5—11）。

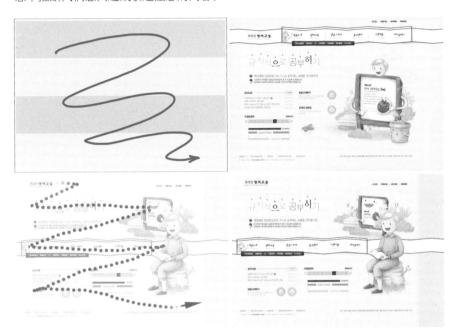

图5　视线左右移动优先于上下移动。

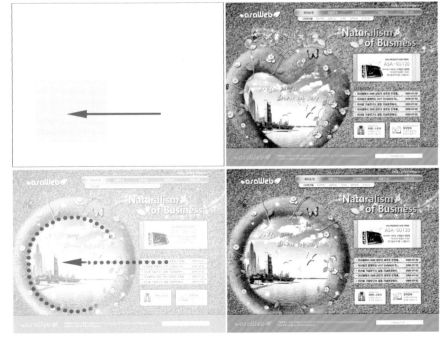

图6　视线移向醒目的地方。

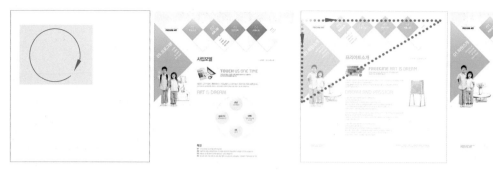

图7 视线在同一背景区域移动。

图8 视线向底部移动的可能性小，顶部出现的LOGO明显比底部的容易引人注目。

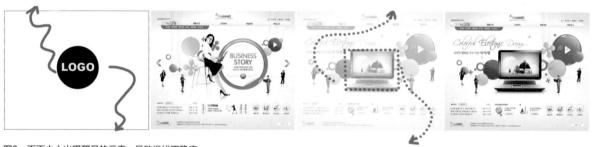

图9 页面中心出现醒目的元素，导致视线不稳定。

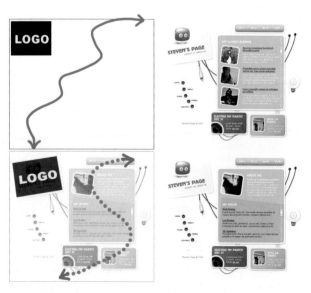

图10 页面右上角出现醒目的元素，导致视线不稳定。

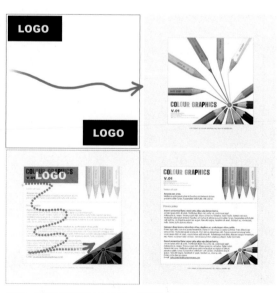

图11 页面元素出现点对称时，视线流向稳定。

三、视觉的边际效应

人类视觉还有一种规律：一个整体中的万事万物，被孤立的对象总是被优先注意到。"孤立"意味着事物周围有空白。在网页设计中，这些空白可以被理解为视觉的引导空间。就网页文字而言，那些周边有空白的文字总是被读者先注意到，故有人将此现象称为视觉的边际效应。

心理学的研究表明，同一平面上，上半部让人感觉轻松，下半部则让人感觉稳定；同样，同一平面的左半部让人感觉自在，右半部让人感觉压抑。所以平面上方的视觉影响力强于下方，左侧强于右侧。因而，界面的上部和中上部被称为"最佳视域"，也是布局中最重要的板块。网页设计中一些突出的信息，如主标题、导航、每天更新的内容等通常都放在这个位置。当然视觉流程是一种感觉，没有确切的数学公式可以套用，只要符合人们认识过程的心理顺序和思维发展的逻辑顺序，人们就可以灵活地运用。所以在网页设计中，要使页面上各要素的位置、间隙、大小适应人们的视觉流向，不同页面之间保持连贯性和节奏感，使视觉流程做到自然、合理、流畅（图12）。

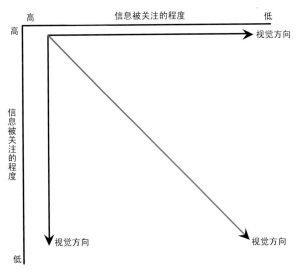

图12 揭示了人们随着视线的角度不同，关注信息的程度也明显不同。

四、格式塔效应

人眼会自然地将所见之物组合在一起，这种被称为格式塔效应的现象首先是由柏林的心理学家在20世纪初研究和记载的，它指人们从独立元素中感知到组合的形式和形状的过程。格式塔心理学研究表明，我们的知觉具有简化倾向，当视觉区域中出现的图形不太完整或有缺陷时，视觉将竭力把不完美的图形改变为完美的图形印象。格式塔理论对网站页面布局有非常大的影响，我们把格式塔效应分解成几种表现方式，看看它们是如何在页面布局中被运用的。

1. 闭合

人眼会填入缺少的元素凑成一个完整的形状或布局。例如空缺的部分暗示了一个环形，虽然没有任何元素相互接触；又如轮廓线上有中断或缺口的图形，人眼往往会自动地补足，使之成为一个完整的整体。

2. 接近

距离相近的元素趋于组成整体形状，不同元素聚在一块，就出来了页面元素的不同区域（图13）。

3. 连续

一个图案即使在停止后也看似连续（图14）。

4. 相似

人们会把形似的元素关联起来，不同的形状被关联起来，享有某种共性（图15）。

5. 对齐

不同的元素在页面上整齐对齐排列的话，产生的视觉效果是明确而有力的（图16）。

6. 负空间

负形往往是脑海中呈现出的虚像，利用这样的原理可以创造出虚实相生的图形。页面上包含链接、文本和图片的区域一般为正空间，负空间处于它们之外的区域，正负空间在视觉上协同工作。例如，相接近的三个黑条给人以中间存在两个白条的错觉，在网页布局时，要利用白色的空间，避免给页面造成多余元素的错觉（图17）。

图13 页面上标签、图片、文字都在统一的背景下连成一个整体。

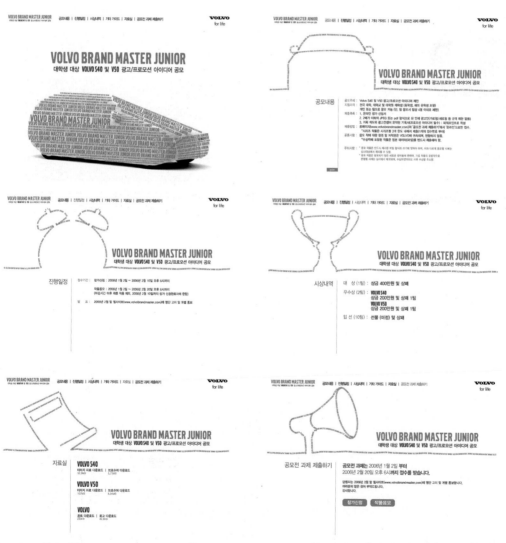

图14 VOLVO汽车网站用文字组成了线条，不完整的线条即使停止了也传递了丰富的视觉信息，也为网站增添了活力和感情色彩。

图15　相似的涂鸦感的圆形被关联起来，页面自然被分割成不同区域。

图16　页面的不同元素以魔方的形式整齐排列，简洁的页面清晰地传达了信息。

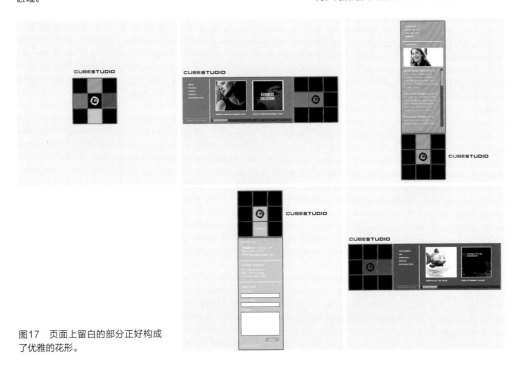

图17　页面上留白的部分正好构成了优雅的花形。

五、费茨定律

1954年，美国空军人类工程学博士保罗·费茨（Paul M. Fitts），对人类操作过程中的运动特征、运动时间、运动范围和运动准确性进行了研究，提出了著名的费茨（Fitts）定律。该定律指出，使用指定设备到达一个目标的时间，与当前设备位置和目标位置的距离（D）和目标大小（S）有关。如今这条定律也被用于界面交互设计上。

1. 当距离一定时，目标越小，所花费的时间越长、目标越大，所花费的时间越短。小而远的目标区域意味着用户需要移动较长的距离，并且为了能对准目标需要做一系列的微调，耗时也变长了。因此网页按钮的大小设计至关重要。

2. 那么点击区域是越大越好吗？事实上点击区域越大，占用屏幕空间就越多，会打乱界面的平衡。当界面空间不是很拥挤时，增大可点击区域是可行的。可是，点击区域增大到一定程度后，它和可用性的关系就变弱了。例如：一个小按钮，把它放大10%，它的可用性会显著提升，但如果将一个本来就很大的按钮再增加10%，它和可用性之间就不成正比了（图18）。

3. 当目标大小一定时，起点离目标中心的距离越近，所花费的时间越短，距离越远，所花时间越长。通过费茨定律的反向使用，我们同时可以降低按钮被点击的可能。因此可以将重要按钮放置于离开始点较近的地方。

4. 屏幕中有些特定位置，用户更容易点击到它们，要善于利用这些主要的像素。费茨定律更倾向于饼状菜单。因为菜单是一个圆形，饼状菜单提供了很大的可点击区域，光标到达菜单的任何位置距离都是相同的。这样菜单具有高度的一致性。相反，线性菜单只有前几个选项，光标是非常容易到达的，这就是为什么我们要把常用选项放在光标最接近的地方。但在实际操作时饼状菜单虽然也可以添加子菜单，但这种做法通常会打乱屏幕结构，让它看起来凌乱没有组织性，线性菜单更容易利用子菜单方式组织层级结构（图19、20）。

5. 通常用户在使用界面时，点击次数越少，光标移动越少，这个界面的设计质量就越高。但是，网页界面是为人而设计的，界面设计必须是一致的，体贴的，包容的，有趣的。设计师可以使用费茨定律作为设计工具，而不是设计原则。我们列举了费茨定律应用于网页交互设计的优缺点，处理好两者的关系，真正地以人为本，才能给用户带来最佳的交互体验。

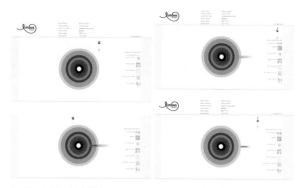

图19　页面中央鲜艳的导航如同靶子一样，一下吸引了浏览者的视线，光标到达菜单的任何位置距离都是相同的。

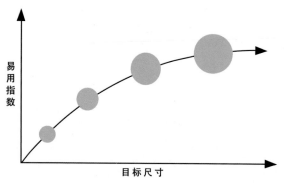

图18

图20　这个圆形的循环导航系统就像一个抽奖的大转盘，等待着人们转到好运。

第二节 平面设计原理在网页布局中的应用

一、整体性——设计要素的整体与统一

一个整体统一的布局指页面上不同元素相互影响如同一个整体，在组织界面时所有的图片、文件格式、导航和获取信息的控件都保持一致。例如所使用插图的风格、大小、颜色，所采用照片的裁减规格、特殊效果及颜色深度，所用视窗的维数、结构；所加音乐的音量、频率，以及所优化的文件的压缩格式和命名系统，这些都必须具有连贯一致的个性。它们要在标签、不同的状态甚至是任何伴随它们的声音上都保持一致。要实现布局中的整体性与一致性，我们可以通过重复性与相似性实现。

1. 重复性

网页上重复出现的形状、尺寸、比例、色彩、纹理都可以让网页设计看起来是一个有机联系的整体，有利于统一版面布局的风格。整个网站重复使用一个标准页面布局，尽可能地对齐不同页面元素的外边缘。这些重复元素或布局的使用，增添了网页页面的宁静感，也能产生有序、组织、规律的感觉。例如，当你在整个网站上重复使用曲线、有机形状，或重复使用棱角分明、强劲有力的图形时，视觉连续性就显而易见。重复性为页面产生了"视觉共鸣"。

2. 相似性

相似性就是让一组相似元素看起来如同一个整体，这些相似的元素可以产生视觉焦点，访问者不仅感觉页面布局舒服，而且觉得有能力理解网站上的诸多元素。利用相似性，可以汇总相似元素，把各种页面元素组织起来，形成组块，让页面显得更加简单；同时限制页面上元素的数量，去掉那些对于实现网站宗旨没有什么实质帮助的文本和图形，减少视觉混乱。设置网页留白的时候也可以实践相似性原理（图21—25）。

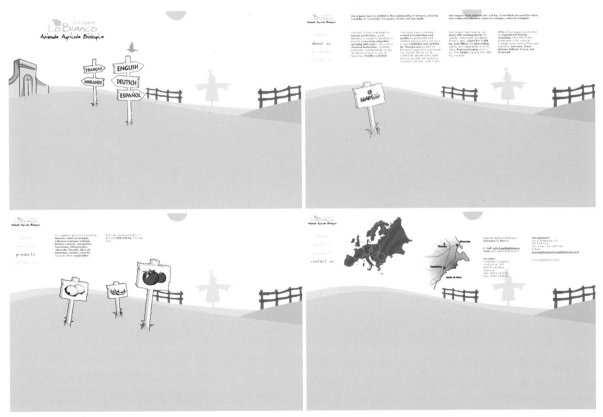

图21　温馨的LoBianco农场网站充满了阳光的气息，草地、日光、篱笆和稻草人成为网站的背景，而起导航作用的路标牌则以卡通画的手法贯串于每个页面的始终，整个网站笼罩在和谐的田园气氛之中。

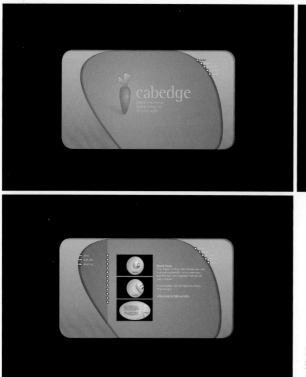

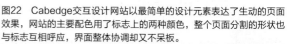

图22 Cabedge交互设计网站以最简单的设计元素表达了生动的页面效果，网站的主要配色用了标志上的两种颜色，整个页面分割的形状也与标志互相呼应，界面整体协调却又不呆板。

图23 GinGers啤酒网站笼罩在黑色的夜幕下，红绿两种色调在黑色的协调下为网站注入青春的气息，网站的按钮就如啤酒的气泡，不时闪烁，散发着诱人的魅力。

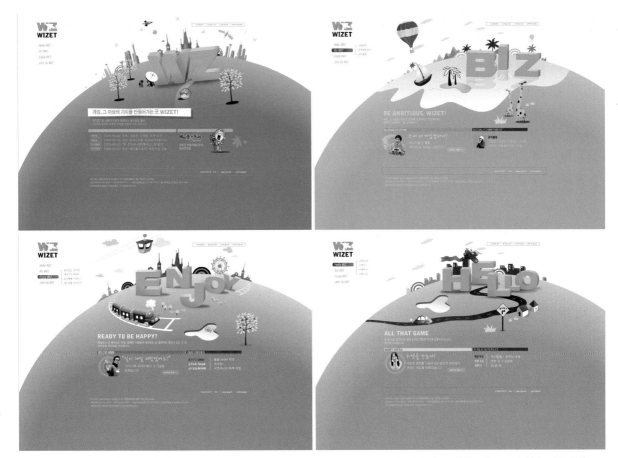

图24　Wizet网站似乎是个开心乐园，每个页面都采用了欢快的主色调，立体字母组成的主题则像竖立在地球顶端的一道景观，与其他元素和谐统一。

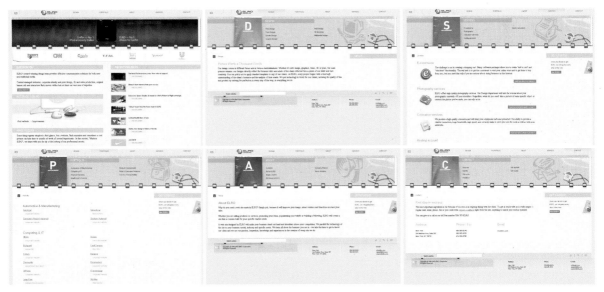

图25　浏览者可以像翻日历一样查看网站，每页上的标题字母都具有连贯一致的个性，界面设计非常和谐。

二、均衡性——设计要素的协调与一致

均衡是人们在长期生活中形成的一种心理要求和形式感觉。造型艺术中的均衡，不是依靠抽象的几何算法，亦非取决于简单的对称法则，而是根据被描绘对象在空间中所占的地位及其特征等因素决定的。网页中的均衡，指页面上字、形、色等因素在力点上的平衡，以及不同页面之间的统一。视觉平衡主要分两种：对称平衡与不对称平衡。

1. 对称平衡

指组成元素分别分布在一根轴的两边；在网页布局中，指将网站内容放在页面中心，或将内容分成平衡左右两栏。有些网站在设计时利用一种标准的对称模型，运用了我们通常说的"1+1>2"的原理，力争找到一个超过各个部分总和的统一的整体。这样的设计方式往往行之有效而且非常专业化（图26）。

2. 不对称平衡

从视觉上来说，它比对称平衡更有意思，包括大小、形状、色调和位置的不对称，这些不对称的元素却能和谐地统一起来。网站布局中，各个元素如同物理规律中的物质一样，是有质量的。如果布局中的每一处质量都相同，它们就能达到相互平衡，达到宁静与刺激之间完美的和谐。为了在多样中求统一，在统一中求变化，可以选择合适的不对称平衡，增添页面趣味的不对称平衡，或者用于增添页面紧张感的不平衡（图27）。

图26　网站的首页利用一个具有分量感的圆形将页面一分为二，页面显得宁静而稳重，在次级页面中圆形置于页面右上角，打破了这种宁静，又为页面增添了活力。

图27　导航和页面内容分别在中轴的两侧，网站结构一目了然。

三、对比性——设计要素的差异与分离

与一致性相对的概念是对比性。利用网站视觉元素的对比性可以使特殊的元素引起浏览者关注，达到一种强调的作用。不管网站展示的内容是什么，如果没有对比元素的使用，人们很难理解网站的信息，然后失去探索的兴趣，最后离开该站点到别处冲浪。在页面上利用对比性并不与之前的整体性、均衡性原则相违背，页面上不同元素的位置、色彩、面积、肌理都可以利用视觉上的对比性。

1. 位置对比

元素在页面中的位置往往是突出该元素的利器，一个元素离中心越远，被用户最先关注的可能性也就越小；在设计中分离出来的元素也能突出重点，起强调

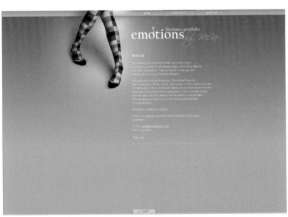

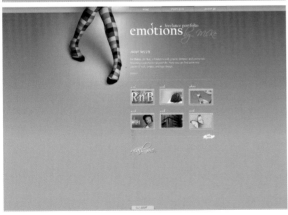

图28 英国设计师Mike的个人网站充分运用了对比元素，绿色背景的网页上露出了两条色彩缤纷的腿，对比强烈的视觉效果一下子吸引了浏览者，虽然主体图形并没有占用页面大部分空间，但是跳跃的颜色留给观者无限的想象空间。

作用。我们可以利用比例概念，根据物体的可伸缩性，把物体放在一个比它大或小的环境里，这个物体就比实际的物体显得大些或小些。设计就是加法与减法的艺术（图28）。

2. 色彩对比

色彩对比，指两种或多种颜色并置时，其因性质不同而呈现出的一种色彩差别现象。色彩差别的大小决定着对比的强弱程度，所以差别是关键。色彩对比中又可以被细分为色相对比、明度对比、纯度对比（图29—31）。

图29 红绿两种颜色本为互补色，但在Naviplayer网站中则大胆运用这两种色彩为主色调，由于黑色图形元素的介入，红绿两色并没有给网站带来冲突激进的感觉，反而营造了一种轻松活泼的气氛。

图30 这个韩国电影网站的界面以黑白两色冲击着浏览者的视觉，主角长长的黑发隐退于黑色的背景中，界面上还时不时飘零着粉色的樱花，碧眼红唇又与白皙的脸形成了对比，这些对比强烈的元素都吸引着用户点击下一级目录，进一步了解神秘的主角。

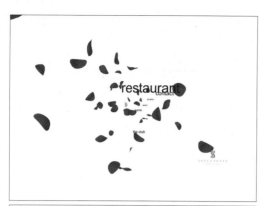

3. 面积对比

面积对比，指因色域在画面中所占面积的差别关系而体现出的视觉效果。尽管面积对比同色彩本身的属性没有直接关系，却对画面的色彩效果产生深刻的影响。使用不规则形状的图形、大字标题、段首装饰文字、段首下沉大字和弹出窗口，打破"只有矩形"的布局，都在一定程度上体现了页面元素面积对比的效果（图32）。

4. 肌理对比

肌理对比，指因色彩表面纹理结构的差异关系而呈现出的视觉效果。肌理上的对比并不依赖于真实的身体接触，而是通过想象获得某种材质特征的表象感受，也是视觉化的色彩触觉表达方式（图33—36）。

图31 意大利SestoSenso俱乐部的网站背景为单纯的白色，前景用了不断飘舞的红色花瓣来点缀，导航的字符在人的触摸下会放大显示，不断变幻的黑色字符和不断涌现的红色花瓣像一个个音符组成了音乐的篇章。

图32 意大利Gedimo网站设计大胆而简洁，界面利用大量的留白，主体信息分布在页面右下角和左下侧，导航元素在此空间中让人一目了然，浏览者的视线在这个网站中可以有充分的休息空间，也很容易聚焦到右下角清晰的图像上，这样的界面风格体现了设计类网站与众不同的个性。

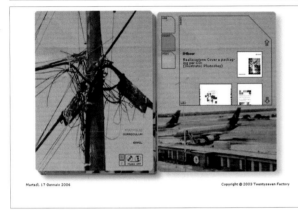

图33 Twentyseven工厂的网站利用厚实的瓦楞纸为肌理，一页页翻开的纸再现了工厂的图像和信息，丰富的肌理效果更突出了网站的性质。

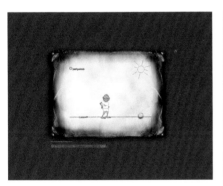

图34 红色暗花形的背景上放置了一张金属质感的漫画，漫画中充满讽刺意味的人物正在张望着屏幕前的浏览者，漫画边缘这种烧焦了的金属感更烘托了漫画式的幽默感。

图35 HelenJunior网站的界面运用了水彩画的肌理感向我们展现了一个多彩的世界。浏览者很容易就被这些绚丽的透明色彩吸引了。

图36　该网站为每张图形添加了纸质的纹理效果，索然无味的界面顿时变得生动而立体。

第三节　平面设计元素在网页布局中的应用

一、第一个要素——点

在日常生活中很多东西都可以被看作点，如晶莹剔透的一颗雨滴、大海中的一叶孤舟、星空中的一轮明月……从几何学的角度而言，点是线的交点，点只能代表区域不能代表面积，它没有大小和形状；从造型艺术的角度来说，点是最基本的要素，指画面中某一小块区域；从视觉的角度而言，点不但有大小还有形状。在具体构图中，点并非都是以圆的形式出现的，一些个体较小的元素都可视为点。在进行网页设计的时候，点是图像设计的基本元素，它可以被用来构建任何图像。如果没有参照系，点是没有大小也没有直径的概念，我们往往只注意到图形本身而忽略了构成每个图像的点，点本身就有着无穷的力量。例如网页中的一些按钮，就可以被当作点来处理（图37）。

图37　在Racing乐队的网站中，20个大小相同的圆点铺满了首页，这些圆点既是页面中的按钮，又是页面的装饰元素，在不同色彩的映衬下圆点似乎产生了节奏感和韵律，浏览者的视线会不断在这些点之间徘徊，决定最终的去向。

点的外形不同，给人的视觉和心理反应也不一样。一个外形凸出的点，其视觉力量由凸起的方向向外扩张，其凸起的部位越大，向外扩张的力量也越大；一个外形向内凹陷的点，其视觉力量也随凹陷向内收缩，有受到外力压迫的感觉（图38、39）。

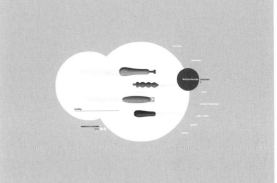

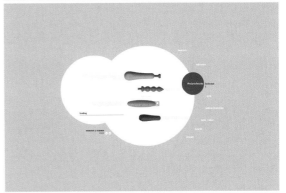

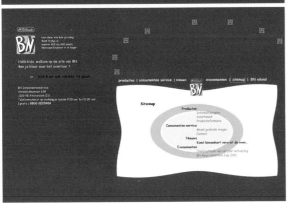

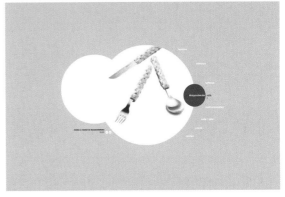

图38　强烈的红色背景下，外形内凹的方形作为网页中一个特殊的点，似乎有被挤压过的感觉，这样奇怪的外形也特别引人注目。

图39　在灰色背景中，向往凸起的不规则圆让人感到了一股向往扩展的力量，它似乎想告诉浏览者：这里有好多的信息你可以获取！

在实际运用点的时候，重点不仅在于点的外形，而在于点在整个空间中起的作用，在相同的视觉环境下，相对面积越小，点的感觉越强。特别当画面上只有一个点出现时，我们的视线会全部集中到这个点上。因而当要特意突出或强调某一部分视觉效果时，我们可以考虑利用点来表达。

当两个点同时出现在一个画面的时候，我们可以观察这两个点的大小和位置。如果利用两个大小相同的点，人们的视线会从其中的一点开始，然后再移至另一点，最后在两点之间来回移动。我们可以视这两个点为相同的内容，做反复的构成，使该内容在视线中反复出现，以达到强调的目的。当利用两个大小不同的点时，人们的视线首先放在大点上，然后再移动到小点上，这对于在画面上直接强调某一内容，并用次要的内容进行补充说明的情况，有着很好的效果（图40、41）。

当有三个或三个以上的点同时存在时，我们就可能感觉到一个虚面，点越多，其间隔就越短，"面"的感觉就会越强，这对把握画面的整体效果和统一画面十分重要（图42—50）。

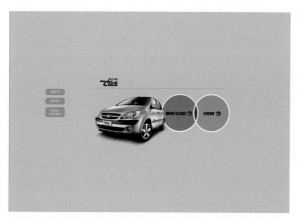

图40　汽车图标旁两个等面积的圆在网页中显得十分显眼，浏览者的视线会在这两个颜色鲜艳的点间徘徊移动，决定自己下一步的目标。

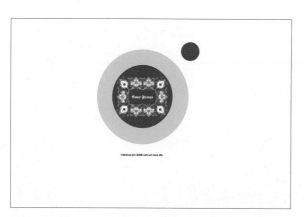

图41　网站首页出现了两个面积悬殊的圆，这两个点也构成了画面的全部内容，显然小点作为大点颜色的呼应，其目的是让浏览者视线更集中注意到大点中显示的网站图标上，而小点只是作为一种装饰而存在。

图42　页面上出现了大大小小若干个圆，这些圆的大小引导了浏览者的视觉流程。

图43 网站的设计者似乎要把浏览者带入点的漩涡中，大大小小的圆点构成了立体的空间，用户只需点击其中任何小点，这些点就会产生偏移或放大缩小，与用户发生互动，从而体现其公司的高科技性。

图44 网站用虚虚实实的点为Agua Luca化妆品做宣传，背景中气泡般的点和前景中展现主体信息的点构成了如梦似幻的画面。

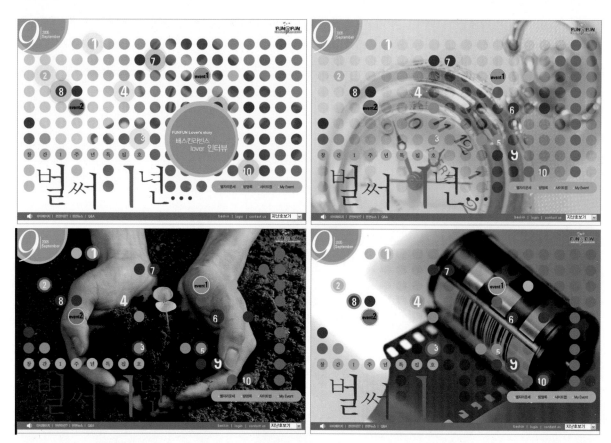

图45　布满整个画面的点就像一层帘子，你要掀开它，才能看到网站的真正面目。这些五颜六色的点在网站中既充当导航元素，又成为个性鲜明的装饰品。

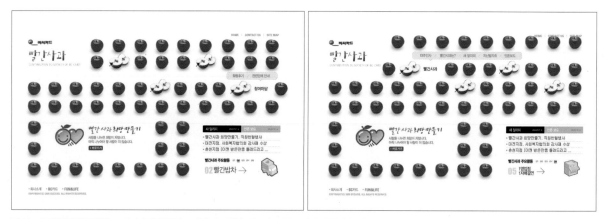

图46　红彤彤的苹果就如一个个立体的圆点，它们和网站标志互相呼应，点缀着白色的背景。被劈开的苹果则成了导航的线索，单击这些被劈成两半的苹果，人们就可以找到导航信息，进入下一级页面。

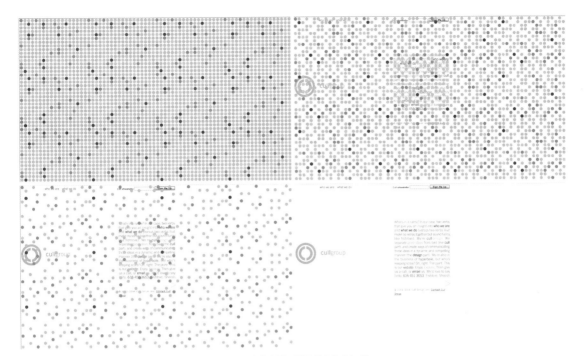

图47　这些点构成的页面就像魔术师手中的手帕，时而变换着身影，引导着人们的视觉。

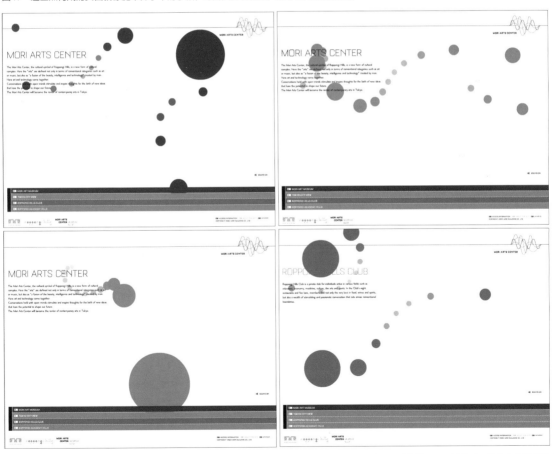

图48　Mori艺术中心的网站用四种不同色彩的点泼洒在画面，大大小小的点充满了韵律和节奏感，抽象的界面设计体现了艺术中心的现代感。

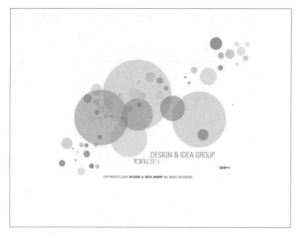

图49　这是韩国一个设计创意公司的网站首页，大大小小的点散布在页面中，谁说创意不是从"点"开始？

图50　网站的导航按钮就像一个个棋子，以立体的圆柱形式出现，使整个页面充满趣味。

二、第二个要素——线

　　线是由无数个点构成的，根据其长度、宽度、方向等构成线。线是点移动的轨迹，线是图形设计中最常见的元素，线在页面中有强调、分割、引导的作用。线会因方向、形态的不同而产生不同的感觉，垂直的线给人平稳、挺拔的感觉，弧线使人感到流畅、轻盈，曲线使人跳动、不安。不同粗细的线在空间里的性格也是不同的，粗线条可以体现粗犷、勇敢、阳刚感，细线条可以表达锐利、敏感、速度感。当粗线和细线进行组合时，粗线必定先进入视觉；若线的长短符合透视规律，它就能表现出强烈的空间感觉。斜线给人移动的错觉，一根斜线蕴含着潜在的能量。把一组直线作为背景元素，它会给设计带来纹理的感觉；如果用一组斜线代替直线，就会使设计感觉有紧张感，导致读者的眼睛不停地随着它移动。变换线条的粗细和方向能产生一种特别的效果，有尖角的锯齿状线条可以让人感觉疯狂和危险，缓慢起伏和弯曲的线条让人感觉轻松和安详，90°转角的线条让人感觉尖锐和机械。还有些弯曲的线条非常有表现力，如手写体、涂鸦和草图。如果你还处于设计网站的原型阶段，线条不仅仅能作为分割、边界，它还是艺术、绘画和设计的基础。尽管网站是一个技术性强的媒介，它经常会让人忘记艺术创作中的基本工具，比如铅笔和画笔可以创作高质量的线条来变换，这样可以给太过于数字化的媒介加入传统艺术气息。因而，线的构图在网页设计中有着广泛的运用，网页设计师常用简洁的线条进行页面构图，以此传递丰富的视觉信息和思想感情。

　　利用线对网页空间进行分割也成为网页设计的主要手段之一。线的空间分割产生各种比例的面，所以线的分割也可以理解为面的分割，面分割后形成的边缘就是线。因此，对网页页面进行分割时，既要考虑各形态元素彼此间的形状，又要注意不同空间所具有的主次关系和呼应关系，保证良好的视觉秩序感，以此获得整体和谐的视觉空间（图51—54）。

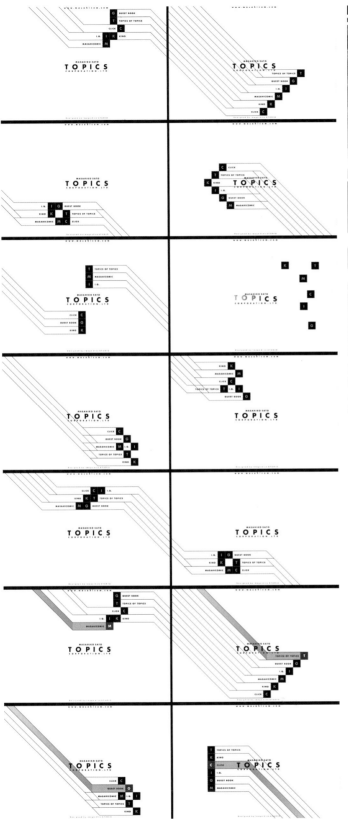

图52 该网站用同等粗细的彩色线条代表了不同的信息模块，浏览者可以根据这些色块进入不同颜色的页面，以此获取信息。在进入下一级页面后，浏览者可以根据左边的彩色线条提示回到主页或进入其他页面，这些线条成了导航的线索。

图51 Masahicom网站用变幻莫测的线条塑造了网页形象，简洁明了的网站形象渗透了该公司的企业文化与精神。

图53 以线型出现的导航条清晰地引导了人们的视线。

图54 具有强烈视觉冲击力的线条为页面增添了艺术感染力。

三、第三个要素——面

根据几何学定义，面是线移动的轨迹。点和线的密集可形成面，点和线的扩展可形成面，面的分割、面与面的合成亦能形成新的面。面是构成空间的基本单位，一段文字可被视为一个面，一张图像可被看作一个面，一大片留白亦可成为一个面。"面"的概念不是固定的，面是我们网页构图中常用的元素，它的大小、曲直变化都会影响页面的整体布局。

分割面是规划空间的一个重要手段，在网页设计中，设计者通过面的分割、组合、虚实交替等多种手法来实现页面的整体效果。在网页设计技术中，表格和框架就是用来分割页面的。面的分割，可使网页页面主题清晰，层次分明。在涉及网站设计时，人们往往忘了自由形状的存在，无论是使用CSS定位还是使用网格表设计网站布局，这些区域都是几何的，而自由形状要比几何形状更抽象，它们可以表现产品的特性、人的姿势或生动的涂鸦。网页将我们局限在一个长方形中，虽然承载内容的区域可能是长方形的，但不能说网页就必须是长方形的（图55—58）。

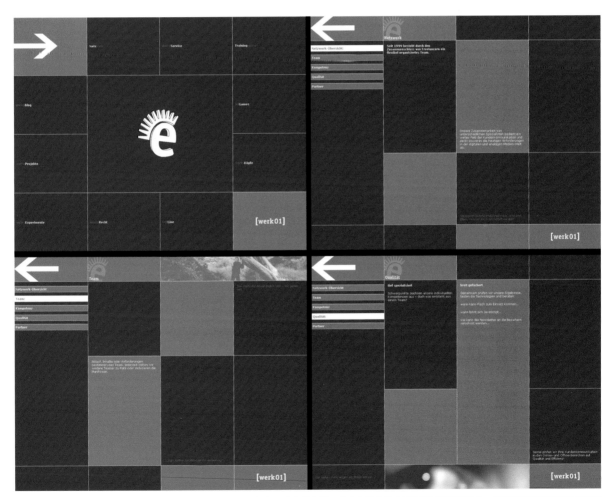

图55　网站用紫红和橘红色的矩形色块冲击着浏览者的视觉神经，白色的细线、文字和箭头从中调和了色彩间的冲突，并清晰地表达了页面主题和导航信息。

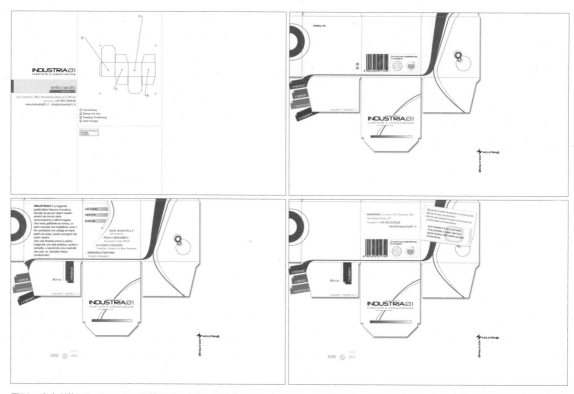

图56　意大利的INDUSTRIA01网站利用一个平面的纸盒结构分割了页面，创建了独树一帜的界面风格，让人自然联想到该网站的性质，网页右下角的切割线、包装上的条形码等细节无不暗示了其设计工作的专业性和严谨性。

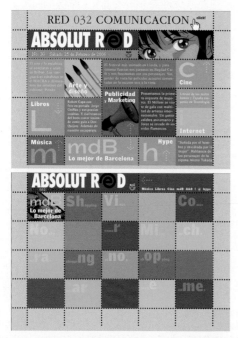

图57　整个网页像是由若干张邮票组成的，因为黑色虚线和不同色块的分割，每张"邮票"各尽其责互不干扰，网站显得整体而生动。

图58　有些网站有许多文字信息要在网上公布，这时就可以利用"分组"的设计手法来设计界面。Foyer网站就是一个极好的例子：它首先排列好文字位置，然后利用文字进行分组，将文字空间添上颜色，一个一个小组就独立出来了。这样建成的网页整体而有序，不同色块也增添了画面的动感。

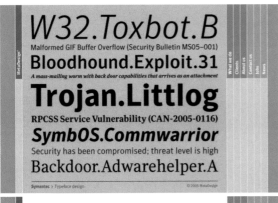

一个杂乱无章的房间会使人感到窒息，同样，一个拥挤无序的页面会使空间显得局促。避免杂乱的最重要原则即：少即是多。首先，设计界面时应尽量避免在一张页面上安排过多的内容，如果一定要安排很多内容，则须注意页面内容在形态、色彩及字体上的呼应，使众多内容相互之间形成联系，求得画面的统一。其次，应注意页面元素间轻重、大小的比例关系，虚实、方向及色彩上的变化，以免产生呆板和压抑感。另外，为了安置更多的内容在页面上，可以使用动态页面技术，将页面部分内容进行动态展现，以节省空间（图59）。

在网页上合理地运用空白可创造出深远的意境空间，有无相生的"图与地"可创造充满张力的空间。通常用户只对页面上的文字和图形感兴趣，不会留意空白，甚至连一些设计师也忽视了空白的存在。事实上，空白是整个设计的有机组成部分，虚实相生，没有空白也就没有了图形和文字。因此留白并不是一种奢侈，它是设计的需要，是信息传递的需求。在网页设计中，要敢于留白，善于留空（图60）。

设计空白时必须注意它的形状、大小以及与图形、文字的渗透关系。在网页设计中，空白可以被定义为页面中没有安排内容的地方。空白空间并不一定是白色的，它可以是环境空间的颜色或图案（图61—64）。

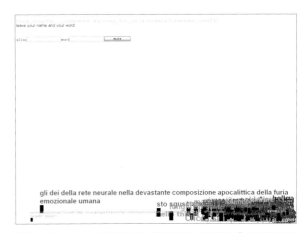

图60　Overnoise网站将中国画"密不透风，疏能跑马"的空间处理法表现得淋漓尽致。网站名称的中文意思为"过度嘈杂"，设计者在界面的大面积中留有空白，而在底部密密麻麻地排列了众多文字，界面设计者利用空白形成网页充满活力的空间关系。在空白区用户可以留名和留言，网站的设计者似乎有意把空间留给每位浏览者，让每位参与互动的访客成为网站的缔造者，可谓别具匠心。

图59　在MetaDesign设计公司的网站中，竖条形的导航条就像一扇扇门，每打开一扇门就会有一番新的景致，同时页面的动态展现也节省了空间。

图61　媒体性质的NeonSky网站，其界面就像在素雅的墙上张贴了一张布告，人们的视线也自然而然地投向了布告的内容。空白在这个页面中引导了视线，强化了页面信息，使人过目不忘。

图62　Tobatomic工作室的网站以黑色为主，冷酷的色调和大量的留白让人对整个网站充满了好奇心和神秘感。

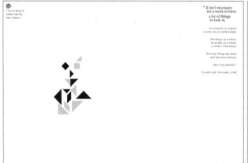

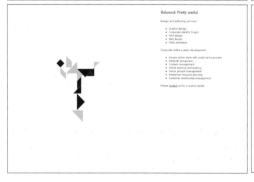

图63　空白还可以使我们的眼睛在紧张的阅读过程中得到休息，成为重要的休闲空间。这个设计公司的网站只有黑白两色，而且页面的大部分区域都处于空白状态。页面中心放着一堆类似七巧板的色块，界面左上角提醒用户可以拖曳这些"七巧板"。这时用户会发现页面上的空白区域都可以随心所欲地"占有"。"七巧板"最终可以拼成其他形状。由此我们可以看到简洁舒适的页面是以人为本的。

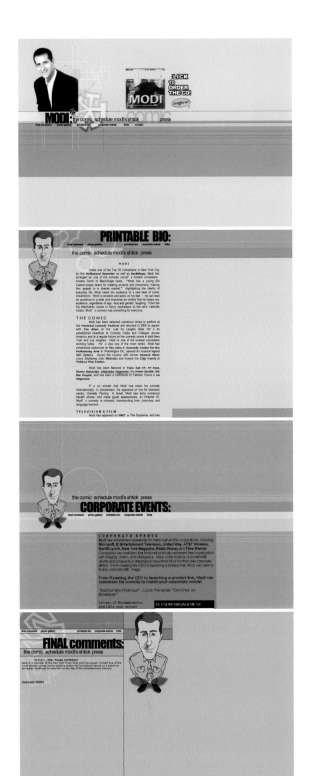

四、第四个要素——空间

正如《老子·道德经 》的箴言，对于空间，有之以为利，无之以为用。

自然界的空间是无限的，而且是无形的。我们观察世界时，受到视域的限制，只能看到眼睛前面的部分，所见之物就好像镶嵌在框子里一样。正是由于这样的"框"，我们很容易理解描绘在画布上的空间，投影在电影屏幕上的影像。之前讨论了点、线、面，现在将讨论扩展到另一领域，点线面只存在两维：宽度和高度，没有任何表示深度的方法，但是我们生存的世界是一个三维世界，我们通过空间感帮助我们判断周围事物的宽度、高度及深度。

同样，在网页设计中，页面也被限定在显示器这样的框子内，网页设计师设计页面时面对的实际空间是相当有限的，而且它还是不确定和多变的。网页设计中的空间并非生活中的立体空间，而是一个假象的空间，是看得见而摸不着的，是在二维平面上建立的空间关系。这种空间关系需借助透视、比例和光影来表现。光与影是我们判断物体深度和体积的最重要的视觉暗示，光影建立了视觉的对比，可以帮助我们在二维媒介中建立三维深度的想象，光和影的单独使用也可以使二维物体看起来存在于三维空间中。

我们对空间的感知，不仅取决于物理空间的实际大小，更取决于我们对空间的心理感受。或许我们都体会过，一间屋子如果门窗位置与大小设计得好，房屋会给人明亮舒适的感觉。我们也可以将浏览器看成一个深邃无垠的空间的窗口，设计者通过精心安排页面元素，营造出宽敞的视觉心理空间，改变局促的屏幕空间给我们带来的拥挤和压抑感。

我们常常分析绘画作品中的前景、中景、背景，优秀的绘画作品往往含有错落的层次感，两维的画面具有三维的空间效果。在网页设计中，我们同样可利用字、形、色等页面元素的对比关系以及透视、遮挡、重叠及光影效果创造出迷人而饶有趣味的三度空间。例如对比强烈的大标题可以作为前景，大面积的正文构成的中景，附属的版权信息成为背景。实践证明，这种清晰而和谐的层次关系，极大地提高了页面的整体艺术效果（图65—71）。

图64　喜剧明星Moli的网站留给访问者开阔的视觉空间，它没有给图形或主题信息添加边框，而是用不同的亮丽色彩填补了大片空白，同时将图形和文字烘托得更为醒目，也在无形中体现了喜剧的气氛。

图65　整个网页被分割为深浅不一的九个色块，这些色块分别代表了不同的信息，在点击之后，块面的形状发生了旋转或变形，面与面之间的移动构成了新的空间，这类似魔方一样的界面让浏览者发生了浓厚的兴趣。

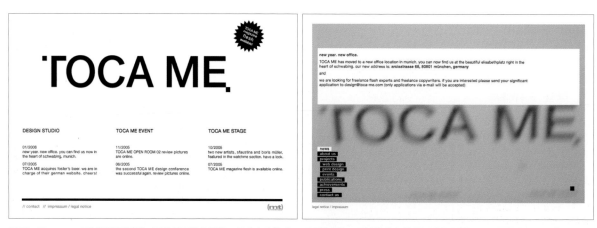

图66　Toca-me网站干净而利落，网站几乎没有图像，黑白文字构成了网页的主体，网站的文字排列严谨却不呆板，如果说其首页中"TOCA-ME"为网页的前景的话，而下一级页面中的"TOCA-ME"则成为背景，原因是设计者有意在次级页面中将该文字运用虚焦，使之隐退为背景，从而突出了次级页面中的其他文字信息，同时又保持界面各部分的协调一致。

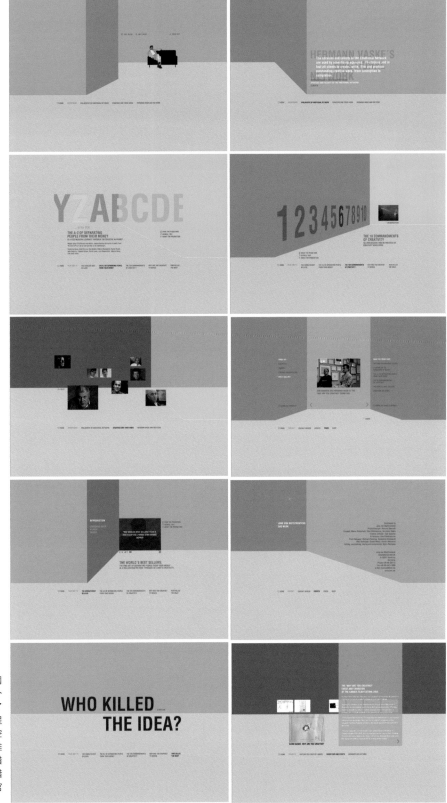

图67 看到Whyareyoucreative网站的名称，你就可以猜到这是一个讨论"创造力"的互动网站。为了体现创造力，设计者用三种不同程度的蓝色缔造了充满趣味的视觉空间。这虽然不是真正意义上的三维空间，但是深浅不一的蓝色色块错落有序的组合营造了一种立体的错觉，让我们充满兴趣地在这些迷宫中周旋。

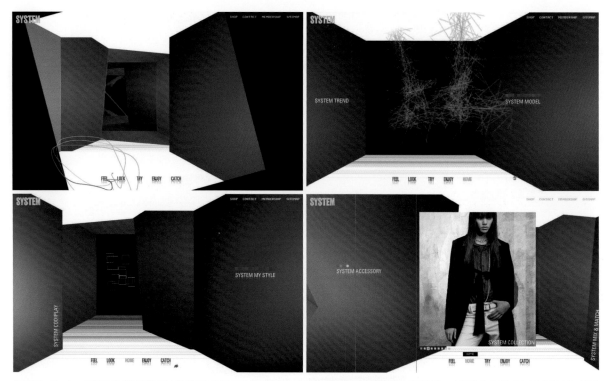

如图68　System服饰网站似乎要在网上为模特也搭建一个梯形舞台，此时你可以将各种服饰逐一"试"遍，也可以在它的网站上评头论足，当然更重要的是体会System服饰的品牌文化和精神。

图70　立体感的图片拓展了网站的空间。

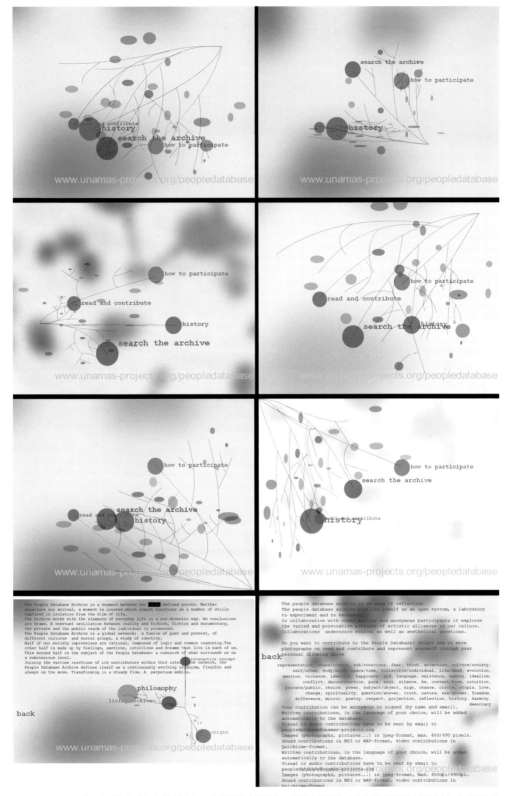

图69　网页上充满诗意地堆放着纤细的树枝和一些类似落叶的圆点，设计者通过拖曳鼠标就可以让这些树枝与落叶跟随鼠标飘动，满天飞舞的落叶似乎让整个页面活了起来，观者也似乎身临其境，进入了一个虚幻的世界。

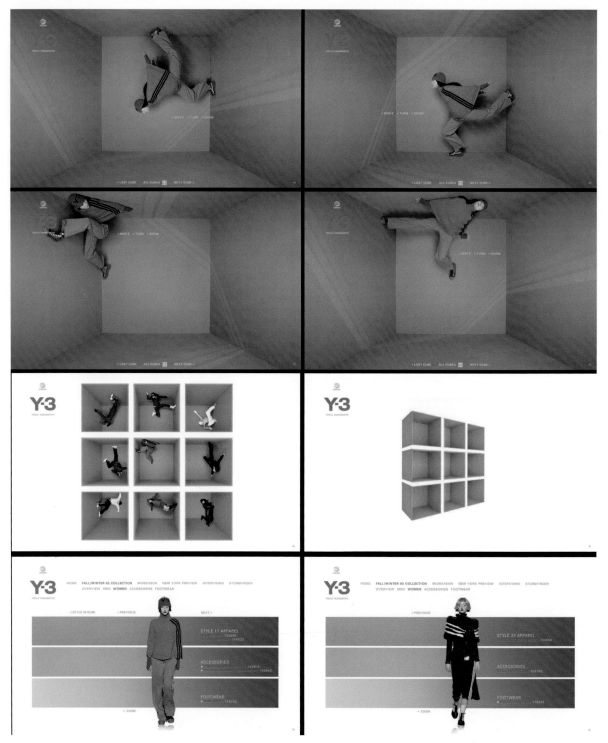

图71 "阿迪达斯"的网站用一个运动的矛盾空间吸引了浏览者的视线，你可以在网站上任意选择喜欢的模特，并为她们重新打扮，换上你中意的服装，与网站互动的过程乐趣无穷。

第三章

CHAPTER 3

网页构成元素设计

将网站内容分解成为不同的构成元素对于理解网站结构和排版是至关重要的。我们从识别网站构成元素开始，首先可以将这些元素分解成"宏观"和"微观"元素。在网页设计中，宏观元素是设计中的大概念，包括网站的结构、理念、风格等等；微观元素是指网站在宏观的设计系统背景下单独考虑的视觉元素，包括：导航与目录、按钮与控件、背景与底纹、文字与内容、标志与图片、动画与多媒体等。微观元素可以置于宏观元素中，以构成网页的内容，下面我们就具体来讨论一下不同的网页构成元素。

第一节　导航与目录

设定有效的导航系统可以让访问者在信息的迷宫中安全、快速地到达目的地。网站导航必须符合我们思考问题的方式。对于用户来说，对站点保持兴趣的关键在于能否获得方向感，能得到所需的信息，以及能否完成任务。清晰的导航结构不仅有助于用户了解网站能做什么，还能指导用户如何去做。导航界面通常需要帮助用户回答导航的三个基本问题：

我在哪里？

我去过哪里？

我可以去哪里？

从一本书的外观厚薄上，我们可以直接感受到信息量的多少，无论阅读到哪里，都可以轻而易举地知道已经看了多少，还有多少没看。而电脑屏幕是平面的，我们无法直观地了解网站信息的立体结构，很容易在网络中迷失方向。人们通常从网站上获得导向的方法是：粗略扫视一遍页面，看看自己有哪些选择，并且快速过滤掉那些无关自己兴趣的内容。因此导航过程本身是否合理变得尤为重要，所以创建产品导航时，请确保导航设计是以用户为出发点，而不是以系统为出发点，用户不是工具，系统才是。用户只会在页面短暂地逗留，如何使用户更快地把握网站的立体结构，如何使用户穿梭自由，这些都是每一个网页设计师应该重视的问题。

导航器按形式的不同一般可以分为如下几种。

（1）上级导航器：这个导航菜单一般放在最显眼的位置，是用户访问网站最先看到的导航，它的位置最好固定不变。

（2）正文导航器：指在网页中先罗列一些公告事项或项目信息，使用户对其中的内容有一个大致的了解，然后可以单击其中的链接，阅读详细内容。

（3）搜索引擎：是一个固定的菜单，它用于帮助用户查找需要的信息，能够一次显示所有找到的详细内容。

（4）Map导航器：以地图的形式表现网站的整体结构和布局，使所有内容一目了然。

（5）用于跳转网页的导航器按钮，Next、Back、Top是这类导航器的代表，使用这些按钮即可跳转到其他页面或内容。

导航不仅仅是一系列的链接，也是思考和构建网站的一种方法，它通过可视化的层次结构展现了网站内容，告诉浏览者这里有什么、开始的起点以及如何使用网站。在网站具体的页面中，用户可以通过导航条、文本链接和其他元素来导航。在网站界面比较复杂时，用户可以通过网站地图，决定当前确切想要去的位置，从站点的某一地方跳转到不同层次的其他地方。只有精心设计的清晰导航系统才能给用户可以把扶的栏杆，才能让用户感到网站中的信息、说明和文件总是触手可及，而不是被深藏于某处或根本无法发现，才能使浏览者对该网站充满信心，为网站建立良好形象和扩大影响，让用户有脚踏实地的依托感。

导航也为品牌的宣传发挥作用，导航的类别、选项顺序和标签的语气都传达了公司的理念和价值观。人们会信赖组织清晰、容易导航的网站。因此导航设计融合了不同领域的技能和才干，一个好的导航器应该具备以下几个条件：

（1）能够自动显示用户当前所在位置

（2）固定在用户所熟悉的位置

（3）尽量减少信息查询的时间

（4）形态与网站风格保持一致

在网络上，人们是扫视的，因此有了信息觅食的理论，信息气味越强，链接和导航就越能满足访客的信息需求，访客也越能预测目标网页的内容。导航设计中许多方面会对散发信息气味有潜在的帮助，特别是导航的布局，它直接影响了整个网站的风格，下面我们来看几种不同的导航分布。

1. 左栏导航

网站导航位于页面左侧的网页布局结构，这是互联网发展初期使用起来最熟练、最方便的网页布局结构。左导航栏是大多数网站都采用的模式，这样的布局似乎对于任何人来说都是安全的选择，左侧导航能够有效地弥补内容较少的网站的空洞感，其缺点是缺乏创造力。它被使用了无数次，并且看起来很相似，那么把导航栏移到右栏如何（图1）？

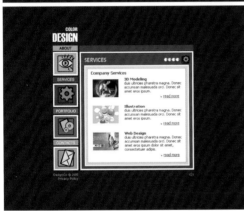

图1 醒目的左栏导航图标让浏览者轻松地找到所需的信息。

2. 右栏导航

网站导航位于页面右侧的网页布局结构，它是使用频率较低的结构。但是，右侧导航结构能够让使用者有效地关注左侧内容区域的信息。右侧的网站导航将页面划分成不同的区域，鼠标更容易停留在浏览器的右边，这样就离滚动条更近一些。这种结构的缺点在于：人们阅读信息的视线一般是从左侧顶部开始，采用右侧导航结构的话，包含网站性质和信息的网站导航不易引起使用者关注，相比其他结构，使用者容易感到别扭和不方便（图2）。

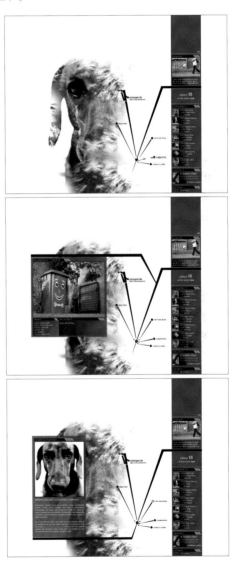

图2 网站导航的主要困难在于如何用简短、易于理解的方式来呈现网站的诸多方向。用线条将图形与右侧导航连接起来，以适当的角度展现图形，这似乎是体现导航功能的一条捷径。

3. 顶部导航

网站导航位于顶部的网页布局结构。在注重网络速度的初期，网页浏览器的属性一般都是从上开始下载网页信息的，因此顶部导航把重要的信息置于顶部区域，网站导航显得十分轻便。尽管现在网络速度已经不是敏感话题，但是顶部导航结构在使用性上还是有很多优点，网页顶部的视觉集中效果显得很强，而且网站导航不会对下面的内容区域造成太多的影响，留给内容区域更多、更自由的表现空间。对于内容很多的网站，顶部导航是非常有用的，但是对于内容贫乏的网站而言，利用顶部导航可能会给人一种贫乏、单调、冷清的感觉。因此，顶部导航结构最好不要用于内容较少的单一结构网站，可以用于内容丰富、信息庞大的复合结构网站（图3）。

图3　网站尽力避免设计过分机械的导航系统，页面上侧的导航文字以手写体呈现，并用卡通形象和箭头符号让访客了解整个网站的结构，整个网站让人感觉轻松自在。

4. 底部导航

网站导航位于页面底部的网页布局结构。在适合标准显示器分辨率，无法调整网页布局上下宽度的情况下，底部导航必须使用框架结构。这是因为想要随时向使用者展现网站导航的话，就必须考虑到使用者在不使用滚动条的情况下也能利用网站导航。不过，即使使用了框架，还存在一些必须解决的问题，所以提供信息的信息型网站几乎都不采用底部导航结构。底部导航结构主要用于感性的个性化小型网站（图4、5）。

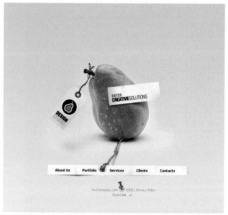

图4　具有个性的艺术类网站，将导航条置于页面下方，导航与页面主体内容融为一体。

图5　这个网站所有页面都是相互联系的空间，下方的导航和上方的导航彼此呼应，返回上一级不需要重新登录和刷新页面，非常方便。

5. 三栏导航

典型的三栏布局是一个宽大的中间栏连接着左右两边的细窄栏。在这样的网站布局中，主栏需要有足够的留白来吸引客户的目光。大多数三栏式设计都是将内容放在最优先的位置，导航一般都位于屏幕的两侧。随着网站内容的增加，很多网站具备了复合化、多样化的信息架构，网页布局结构也呈现了复合化发展趋势。内容庞大的网站需要提供能够更加有效地展现体系化、结构化的用户界面，以便使用者不会对复杂多样的内容信息产生困惑，多栏导航结构的网页布局就体现了复杂的导航信息结构（图6—33）。

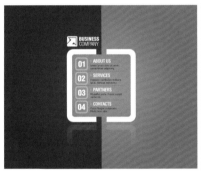

图6　条理清晰的三栏导航让网站显得严谨大方。

图7　梳妆台总是女性的象征，设计者用了一个形象的空间为其化妆品做宣传，在女人味十足的闺房中，许多实物都是进入下一级目录的导航按钮。

图8 讲台上的彩色条成了导航的线索，无论到哪个页面，只要找到这样的彩条，你就不会迷失方向。

 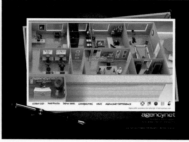 

图9 网络世界中，浏览者的窗口充其量只是一个简单的矩形方块，然而浏览者看到的内容完全可以超越这个窗口。该网站设计了一个虚拟的三维空间，浏览者可以用鼠标移动空间，并通过下侧的导航进入想去的房间。

 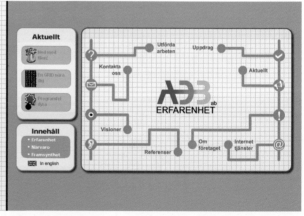

图10 不管是像树干一样垂直地组织网站，还是像树桩一样从中心向外放射地表述网站，用图片来表述一个站点的结构通常最容易实现。该站点的地图展示了各个元素之间的关系，具有很强的描述性。

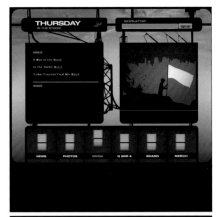

图11 网站的导航器就如调节音频的按钮，界面上方的屏幕随按钮的指示闪现不同的画面。

图12 Wonderful Walls网站专门为儿童房和幼儿园的墙面绘制图形，该网站也设计成两堵墙，其中一面绘制着可爱的卡通图案，另一面墙则留给了导航文字，浏览者可以方便地点击墙上的文字，进入网站内部。

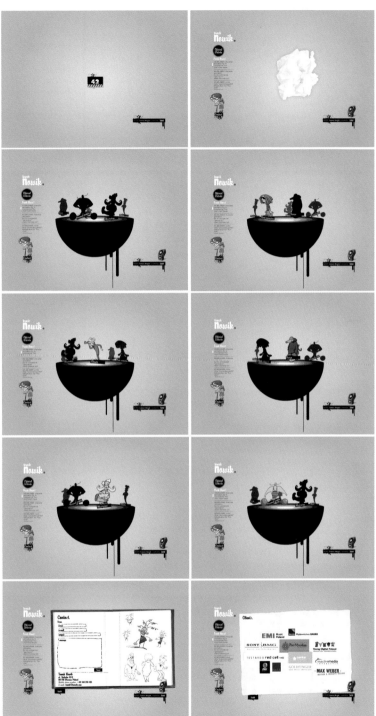

图13 形象鲜明的卡通图标激发了孩童般的奇思异想，神气的旋转三维导航图标让浏览者目不暇接。

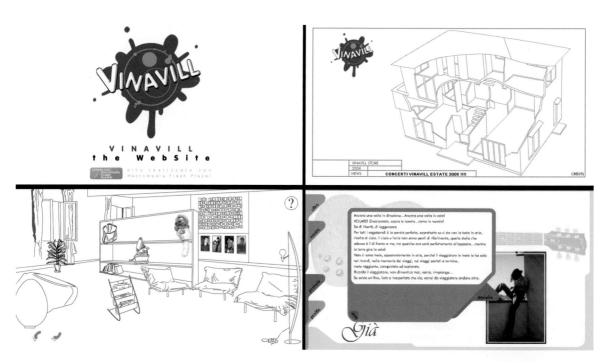

图14　导航将为所有不了解网站的浏览者培养方位感。在此网站中，我们看到一张起居室的草图，这个网站的导航基本上是地图式的，房间里的东西可以引导你进入网站的内部，查找详细信息。

图15　有趣的N形导航可以带你从这张精美的页面跳转到其他页面，并在其间循环浏览。

图16 在一个优秀的网站导航系统中，导航元素必须与网站的风格统一。Vianet的创意类网站色彩绚丽，整个界面洋溢着孩童般的阳光感，设计者利用一只小鸟作为导航工具，小鸟的嘴巴衔着"MENU"字样的气球，可爱的小鸟形象与网站风格融为一体。只要访客点击小鸟，就会出现主菜单，而不必重新刷新页面了。

图17 进入网站中的画廊后，这个页面的导航系统突然变为一堆图片，这些图片可以跟随访客鼠标在空间中移动，借助于它们，浏览者能很容易就能找到需要的目标。

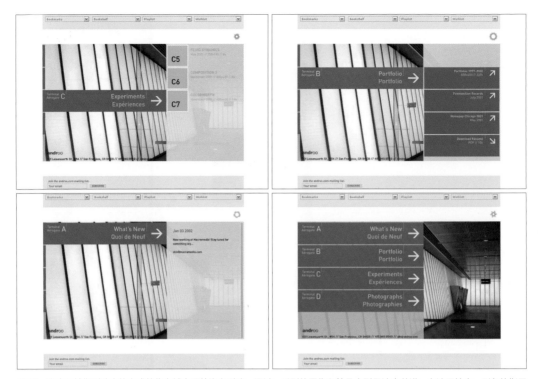

图18　许多网站指引访客的方式就像在城市里给汽车引路，通过一系列的图像和符号来引导访客前进。在该网站中，形象的指示牌和箭头符号成为最基本的导航方式，因而浏览相当容易。

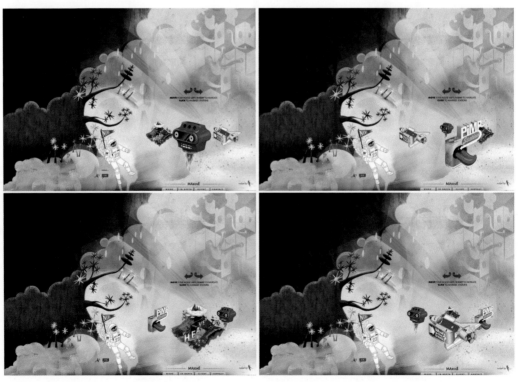

图19　该网站标新立异地引用了三维空间的导航系统，插着翅膀的宇航员暗示了这个超越地球的虚幻空间，飞机、假山等导航元素不断在虚构的空间中旋转，点击导航的过程更像娱乐的过程。

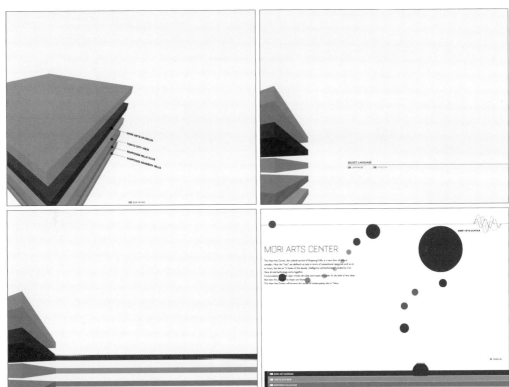

图20 Mori艺术中心的网站用抽象的几何形态，塑造了网站的导航系统，红、蓝、灰、绿四种色彩的线条分别代表了不同的信息，这些导航条使用简便而又新颖别致，更衬托了网站的现代感。

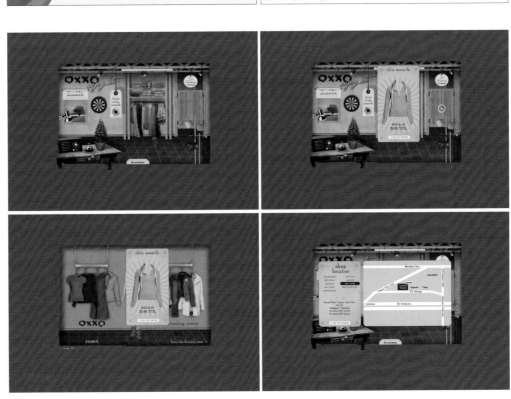

图21 游客进入OXXO服饰网站可以亲身体验购物的乐趣，访客可以在主页提供的货架上亲自挑选喜欢的服装，然后进入试衣间，由虚拟的模特帮助试衣。如果用户对刚才所试的衣服不满意，还可以试其他任何款式，点击网站的地图导航图标还可以找到该品牌所有门店的地址，通过这种形式来导航，不是更有趣吗？

图22 Mak公司的网站直接将其产品——打印机搬到了网上，打印机的按钮成了导航按钮，另外，随着用户对其网站访问项目的增多，打印机会出现虚拟的充墨状态，提示用户墨水的用量，设计非常人性化。

图23 好的导航往往意味着在跳转之前，浏览者便知道自己所在的位置。在贝纳通网站中，为了加强浏览者对导航元素的认识，设计者在导航文字上还添加了鲜艳的色彩，以区别不同的选项。持续地使用这些彩色元素，最初单调的导航很快变得容易理解，为人熟知了。

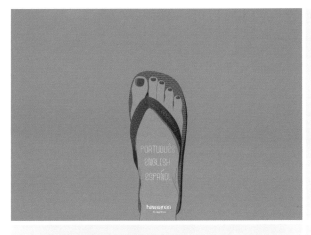

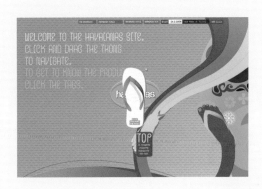

图24　Havaianas拖鞋网站毫无隐讳地利用一只贴着商标的拖鞋作为整个网站的导航，通过这个拖鞋的引导，浏览者可以进入网站内部，获得和接收信息。

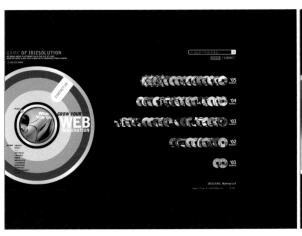

图25　许多人都会有这样的体验：把重要的资料刻录成光盘，存放在一起。这个网站正是运用了人们的体验，将信息存放在不同的CD里，以CD为导航，让浏览者自行选择需要的资料。右边的小CD代表了不同年份的信息，在点击之后右边的大CD则会显示相应的图标，方便用户进一步查找。

图26 有些网站用不同的色彩来强调网站的不同项目，不同的色块可以清晰地指引你浏览整个网站。

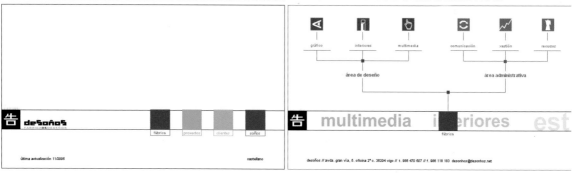

图27 有些网站用不同的色彩来强调网站的不同项目，不同的色块可以清晰地指引你浏览整个网站。

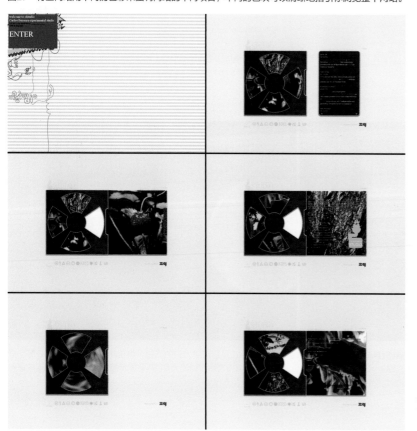

图28 设计者别出心裁地利用木质CD盒为导航器，不同的图片环绕在CD中心，访客可以单击不同的图片，浏览网站的过程也变为一个探索、享受的过程。

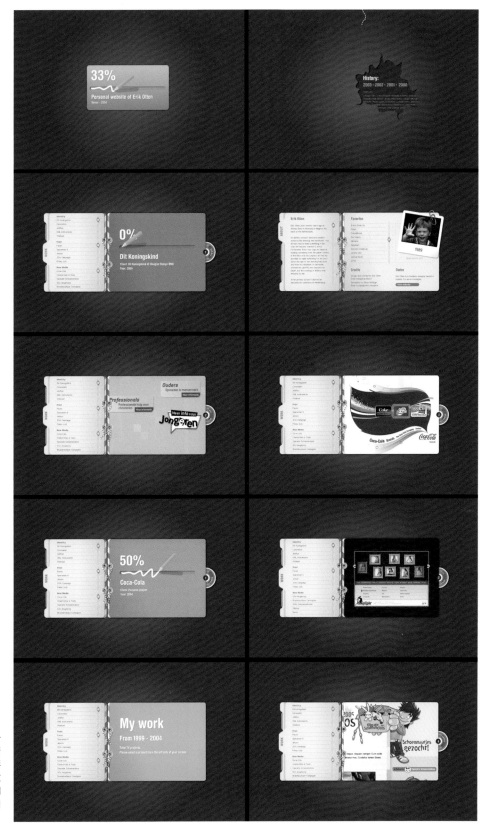

图29 网站的界面如同一本笔记本，笔记本左侧记着导航的内容，右边的半圆形书签还可以翻阅已经查看过的内容，甚至连笔记本中间的丝带也可以卸掉，整个网站构思非常巧妙。

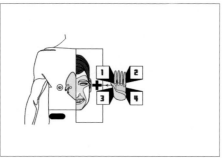
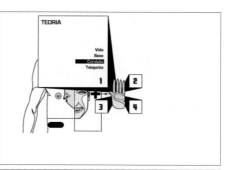
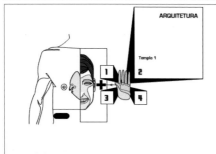
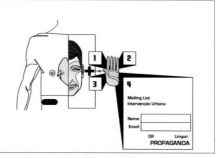

图30　立体画派的图案和立体的导航元素，组成了一个生动有趣的界面。

图31，导航与照片融为一体，与整体风格有效统一，信息无所不在。

图32　进入这个网站犹如置身家里一样，你可以根据冰箱上的便签，方便地找到所要的"粮食"。

图33 在Lee服饰的网站中，一个身穿牛仔服的小玩偶充当了导航的标志，他在不同的页面出现，告诉访客此时浏览的内容，并可根据用户鼠标的移动而来回走动。

第二节 按钮与控件

设定直观而实用的按钮和控件是创建交互性网站迈出的有创造性的一步。按钮和控件作为用户与网站互动的工具，它必须是有效而直观的。当用户使用这些工具时，应该感觉就像是自己身体的延伸一样自然。

不管按钮在形式上是二维还是三维的，在技术上它们都必须设计出两种或两种以上的状态。第一种状态是所有按钮都共有的状态，即代表静止——也就是按钮未被用户激活的状态。第二种状态是大部分按钮都具有的激活状态——当按钮被单/双击时，它出现了与之前不同的状况。当然，它也许有第三种状态——当光标移动到按钮之上，该按钮出现了高亮等状态。

按钮和控件在设计时要注意以下几点。

一、 解读性

设计好一连串网站按钮，首先必须让使用者能够明确地阅读按钮，发挥真正的效用（图34—38）。

图34 这个站点中，鱼本身就是一个导航者，它的每个部位都指向不同的内容，用鱼身体作为导航，足见设计者大胆的构思。

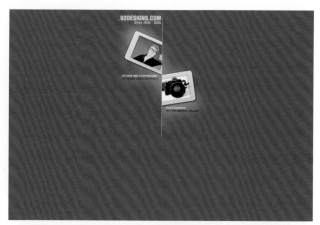

图35　房产公司的导航按钮成了不同房型的房屋效果图，访客能很快就能找到需要点击的按钮。

图36　这个设计公司的网站用自画像和照相机这两个图标为进入主页的按钮，形象而生动，访客很快就能了解网站的性质。

图37　按钮成了书签，翻阅自然变得简单。

图38　按钮设计清晰明了。

二、一致性

相同功能或者同等性质的页面按钮，它们的大小、色彩、形状以及代表的图像应该与网站整体规划相统一，操作方式也要维持相同的设计风格（图39、40）。

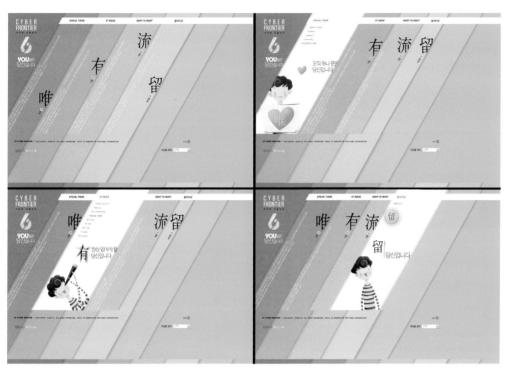

图39　彩色斜条组成的导航有秩序地排列在页面中，这些导航不仅为页面增添了色彩感，浏览者点击它们也十分方便。

图40　红色块中每个小方块都是导航的线索，这样的设计有效地节省了空间，不必把每个选项都堆放在页面上，操作方式上也维持了相同的设计风格。

三、各异型

按钮设计在保持一致性的同时，应针对每个按钮或控件所代表的不同功能，再加润饰突出个性，让使用者清楚辨认其代表意义。而突出按钮个性的捷径即使用形象的图形资源（图41、42）。

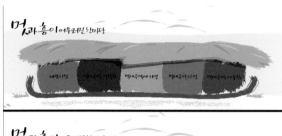

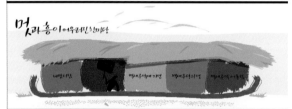

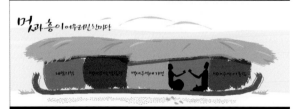
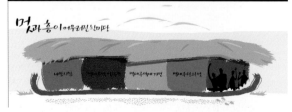

图41　五个不同的导航按钮在单击后都能出现不同的象征图形，按钮设计非常生动。

图42　网站展示了街头艺术文化，在点击右上角的按钮后，导航栏下会出现剪影式的人物图形和解释性的文字，这样的设计与网站的整体风格十分协调。

四、习惯性

从网络的应用开始，互联网正式走向图、文、多媒体的整合时代。经过一段时间的演变，所有网民的浏览习惯在不知不觉中有了共识，因此在设计网页的控件时，也需要将这种共识应用其中。例如，大家都知道"房子"的造型代表链接至首页，信封的图标代表用E-mail联系网站管理员，这就是一种共识的应用。我们不否认设计控件和按钮时要发挥创意，但所有设计元素必须在大众共同认知的基础之下发挥创意，才能发挥创新的实用价值。根据用户视觉流，网页上不同元素受注目的程度强弱如下图，红色最强，黑色最弱。具体案例见图44—46。

- 视频
- 动画
- 闪烁
- 声音
- 和自己相关的关键词
- 人脸
- 图形
- 大的色彩背景
- 突出不同颜色
- 对比度
- 描边
- 加大的字体
- 粗体
- 加下划线
- 斜体
- 暗淡的文本

图43

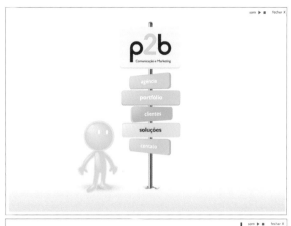

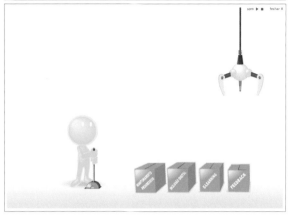

图45　有了路牌式的导航标志，相信谁也不会在这样的界面中迷失。

图44　X-Box公司的网站提供了多国语言的版本，为了让用户选择自己语言的版本，它设计了一棵挂满国旗标签的树，将这些标签作为形象生动的按钮，方便访客挑选自己语言的版本，这样的设计既富有创意又易于人们理解。

图46　这个网站的导航图标干脆由公司员工的头像代替，只要你点击他，这些人会给你特殊的表情回应。

第三节　背景与底纹

设定基本的背景图像是建立视觉信息元素的漫长历程的第一步。

背景是指在主体后面用来衬托主体的景物，用以强调主体的环境气氛，它是整个画面的有机组成部分。想象一下，我们到朋友家参观，进门看到家具和墙壁时，墙壁就成了天然的背景，它使我们的视线停留在面前的各种家具上；当你打开另一扇门，进入一个露天的空间，范围变大了，注意力就很难集中在具体的对象上，你会把视线不知不觉投向了远方。因而，当我们的视线从一个物体移向另一个物体时，只有眼前出现了遮蔽物，我们才会把注意力集中到最接近我们的物体上。网页设计正是运用了这一原理：让你打开一扇扇门，同时又让你的视线一次次停留在眼前的信息上。

当设计者利用背景图案和鲜艳的底纹设计网页之后，网络之间冲浪，更像经历激光灯的演示，而不再像书本一页页的翻动。与其他任何效果一样，用得好的背景和底纹将突出主体形象及丰富主体内涵，用得糟糕的背景和底纹将扰乱了人们的视觉流程，使纹理上的文本很难阅读。

通常，最佳的可读性要求正文和背景之间采用高对比度的色彩，从而使前景元素成为页面的焦点，而且清晰易读。如使用白色背景，黑色正文就是提高浏览者可读性的捷径。如果使用黑色背景、白色正文的话，虽然两者之间对比度与前者一样，但是，这样反置的颜色方案将减慢读者的阅读速度。

值得注意的是，无论在何种情况下，我们都不会用背景图片来传达重要的信息，否则当图片没能显示或是用户关闭了该图片显示功能的时候，浏览器便没法承载该信息。所以，我们不会用背景图片来显示网站标题、导航或文本内容，背景图片是做装饰用的，因而绝不能将其作为"内容"，这也是将它们作为独立的外观元素，在样式表中引用的原因。

在设计者思考是用单色还是有肌理的底纹创建背景时，页面视觉效果并非创建背景样式的决定因素，工作量和文件大小都将影响背景的设计。背景颜色比图像加载速度快得多，同时也为页面提供了亮丽的外观，所以有些网站宁愿用没有纹理的单色做网页背景。同时，图片也可以在水平方向重复显示（repeat-x），所以无论浏览器窗口有多宽，背景图片都将占据网站的整个宽度；页面背景颜色可以取样自"基于背景图片的平滑颜色"，这样颜色和图片组合在一起完成了整个背景，感觉背景大小远超实际高度。所以背景图形可以采用尺寸非常小的图案，通过精心构造的形状将它们平铺显示以充满整个窗口，最终成为其他所有图片的视觉基础，甚至还可以成为重要的界面组成部分。平铺的图案可以采用无损的压缩技术，例如利用GIF、PNG格式，而压缩完的图像大小应尽量控制在20K以内。

网站背景实例分析，图47—60。

图47　该网站利用标志图形为背景图案，鲜嫩的绿色铺满了整个页面，绿色的树叶纹理背景为网站带来了青春与活力。

图48　田园气息的背景为网站笼罩了一层童话般的色彩，夕阳下的草地处于朦胧的色调下，童话书中的卡通图形在背景的烘托下显得更为生动、有趣。

图49　页面上方发亮的背景底纹，更好地烘托了主体形象，土色的背景也与画面上的水彩图案形成了鲜明的反差。

图50 怪异的荧光色、褶皱的背景和精练的素描图形构成这个网站独树一帜的风格。

图51 纸质包装盒为背景的个人网站，形象地暗示了网站的性质与类型。

图52 蓝天中的朵朵白云为网站增添了一份空间感。

图53　水漬斑斑的木板、固定画纸的胶布、钢笔淡彩的画像，三者层层叠叠的关系塑造了页面的立体感，设计者有意压暗木纹四周的颜色，这样木纹就隐退为背景，有效地烘托了主体。

图54　这是个展示实验艺术的平台，网站的背景也像是实验的结果，各式各样的肌理效果都在背景上生动地体现出来了。

图55 摇曳的树枝、诡异的路牌在深蓝色的夜幕下构成了该网站与众不同的背景。

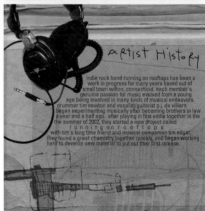

图56 作为一个艺术类的网站，设计者运用立体的肌理感处理背景，不仅表现了高雅的艺术感，也凝结了厚重的历史感。

图57 这个有关视觉艺术的网站别出心裁地将所有信息都以公告的形式"贴"在了页面上，而且这些公告的形式各不相同，有邮票形式的，有手撕的纸片，有胶片形式的，有便笺纸，各种形式的公告让人目不暇接。

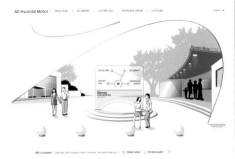

图58　Hyundai汽车网站并没有像一般的汽车网站一样设计一个冷酷、金属感的界面，而是用纤细的线条、淡雅的颜色描绘了一个车展中心，让浏览者可以闲庭漫步、悠然自得地了解车情。

图59　具有艺术感的涂鸦背景充满了神秘感。

图60　具有艺术感的涂鸦背景充满了神秘感。

第四节　文字与内容

　　设定有效的文字内容是网站传达信息、留住用户的决定性的一步。

　　互联网是一个很大的信息共享空间，信息主要以文字的形式展现。当浏览者进入一个陌生的网页时，立刻会去看这个网页上的主要区域，浏览一下标题，以及主要区域的文字信息提示，看看他们最感兴趣的内容。浏览者在网上花费的大多数时间都是与文字打交道：阅读文章、扫视菜单选项、浏览产品说明等。字体本身都是带有表情的，它会将某些特性、某种气息带入网页中。因此，文字设计是Web界面的关键部分。许多你经常访问的网站，用户体验主要是由文字的设计驱动的，如何利用文字传递大量的信息成为网页设计的最大挑战之一。

　　大多数用户在网络上是"浏览"页面，而不是"阅读"页面，所以选择字体时应易于浏览者正确识别。在组合众多文字时，字体的字距、行距、周边的空白等都应便于用户浏览。在具体设计中，字体可以成为单纯的审美因素，发挥着和图片一样的装饰功能。然而，无论网页文字如何设计，其形式最终都要服从信息内容的性质及特点，其风格也要与网站主题相吻合。在网页文字排版与设计的过程中，计算机给我们提供了大量可供选择的字体，这既为网页编辑提供了方便，同时也对编排与设计字体的能力提出了考验。虽然现在可供选择的字体目不暇接，但在同一网页上，使用几种和哪几种字体尚需悉心考虑。许多网页设计师喜欢把网页的文字设置成一些他们喜欢的冷僻的字体，并且在网站上加入类似注明："本网站使用某某字体浏览效果最好，点击此处下载"，于是在网站上放字体文件供下载。这种方法不但可能违反知识产权法，而且我们也不能期望网站浏览者仅仅为了浏览站点而多此一举。事实上，主流操作系统默认支持的字体数量是很少见的，但是如果真的想让浏览者看到那些特殊的字体，最显而易见的方法是，将文字以图形方式展示，新奇的字体往往被作为logo和装饰性的元素。在使用新奇字体之前，先要考虑客户的需求与目标用户，许多用户已经具有了一些品牌形象，选择奇异或不规则的字体可能将削弱公司的品牌形象。世上没有差的字体，只有不适合的字体，一种特殊字体可能不适合某种情况，并不意味着它不能用于别的地方。例如，政府类网站其文字应具有庄重、规范的特质；公司类网站可根据行业性质、企业理念或产品特点，编排富有生命力的字体；休闲旅游类网站，文字编辑应具有欢快轻盈的风格；文化教育类网站，字体排版可具有端庄典雅的风范；个人网站则可利用手写体等与众不同的字体，突出个人性格特点及专业特色，给人留下强烈而独特的印象。

　　在印刷排版中，字体大小采用的是绝对尺寸，而网页字体的大小与显示器的分辨率有关，显示器分辨率是用像素作为单位的，因此可以使用像素来控制字体的大小。线上排版要考虑的一个关键问题是，由计算机屏幕的低分辨率所导致的阅读困难。在印刷媒介上的文字可以达到1200dpi或更高的分辨率，而计算机屏幕的分辨率一般不会超过85dpi。这就是为何人们在网上浏览长段落时，更喜欢把页面打印出来。眼睛疲劳也是造成计算机可读性差的主要因素。在屏幕上阅读文字比在纸上阅读更加困难。不仅如此，人们浏览网页的速度往往还很快，因此网页排版应该便于扫视。设计者一般会在一个页面上使用不同字号的文字来调节页面布局，但不要使用过多字号，以免让浏览者眼花缭乱。

　　在开发网页的过程中，设计师需要计算好每一个元素的位置，然后再调用切好的图进行填充。通常网页默认字体为：宋体、微软雅黑、苹果系统黑体；正文的字号通常为12号宋体、14号宋体或16号宋体；标题性文字为20号以上黑；所有字体大小都应该设为偶数，便于切片排版。

　　当中英文和数字并存时，因为很多不可避免的因素，显示效果的美观上会有很多问题。英文字体分为两种主要类型：衬线和无衬线。衬线是指字母的主笔画末端的那些短线。普遍认为衬线字体更适于印刷媒体。但由于计算机屏幕的分辨率低，衬线可能变成锯齿的边，使外观变得模糊。而无衬线字体在计算机屏幕上表现得更好，一般建议在Web上使用无衬线字。

　　网站文字实例分析，见图61—73。

图61 该网站中所有标题元素和指导性文字都用大写字母表示，这些字体都处于最佳位置，它们都经过特殊效果处理并设置得足够大，以方便阅读。标题周围的旁注性文本采用大小字母混用的方式，所有文字都如一个个音符，同时又具备了很强的可读性。

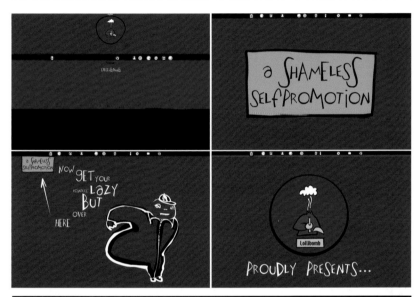

如图62 该网站采用了轻松诙谐的字体和幽默的图形反映了网站轻松悠闲的主题。设计者将大小变化的字母进行略微错乱的组合，这种排列使文本既起到了说明作用，又在前后层次上表情丰富。

如图63 作为一个创造性的设计类网站，网页试图用文字来体现其创意。在这里你会看到林林总总的字体风格及版式安排，屏幕上整齐排列的字母证明了效果好的字体排列并不意味着必须将字母糟糕地颠倒，使其乱作一团。

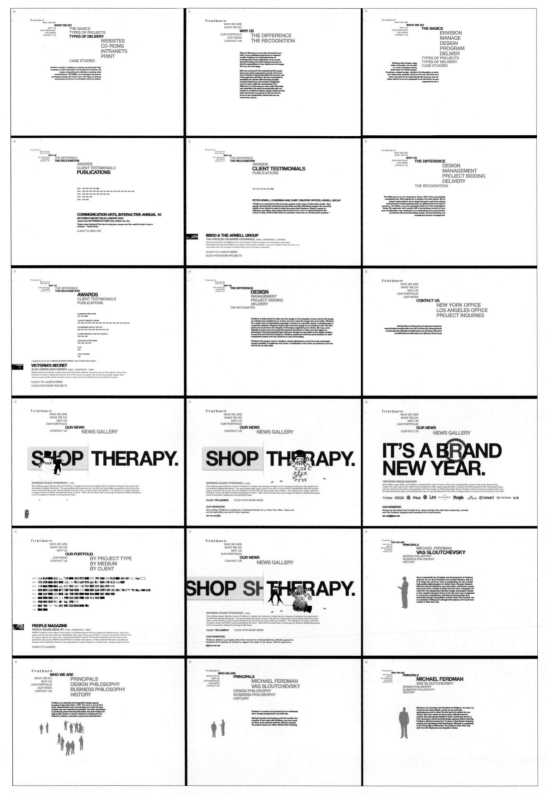

图64　网站所用字体毫无出奇之处，但是网站的文本布局却让人瞩目。文字成为网页中最主要的视觉元素，文字大小根据所在页面位置不同而有所不同，因而浏览者可以从字体的大小清楚地查看网站的目录结构。

图65　混乱的字体经常会扰乱人们的视觉，但也有可能吸引人们的视觉。这个网站的有趣之处在于它用不用的字体创造了看似混乱的页面，通过变形、反转、颠倒和旋转等形式，字体和图形进行无缝地混合，浏览者被置于有序的混乱之中。

如图66　网站没有直接利用动画及多媒体效果，而是对其字体做了特殊处理，使字体处于"聚焦"和"失焦"的状态，这样增强了画面的立体感，也为页面增添了活力。

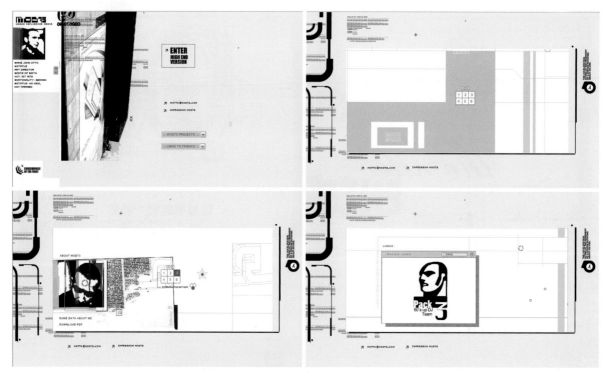

图67 网站上有许多发挥作用的字体，有些文字的出现不是为了解说，而是作为背景，有意制造一种信息流动的感觉。

图68 许多网站为了避免字母在平面上表现出"平"的特点，将字距有效地排列，使不同文字大小之间出现明显的对比，大而粗的字体似乎和周围小而细的字体表现出空间上的距离感，整个网页的效果便令人耳目一新。

图69　设计者使用夸张的字型突出了网站的特点，不平衡、多层次、装饰性强的字体形状如同音乐的乐谱展现在浏览者面前。

图70　用户浏览这样的界面一定会身临其境，金属柱上喷涂的文字证明了效果好的字体不一定米自键盘。

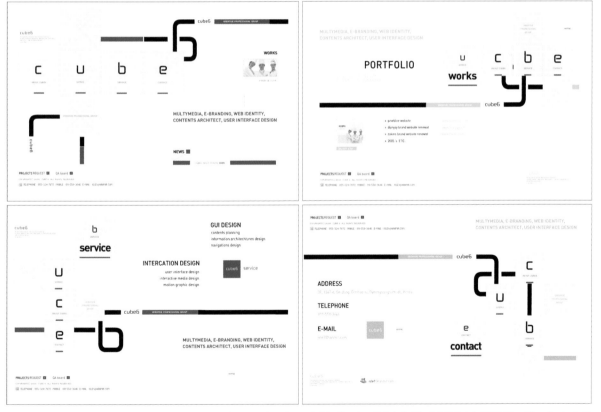

图71　该网站文字创建了一种引人探究的有趣的氛围。每页主题字母成了最大的视觉元素，块状字体看起来就像印在包装图纸上一样，"cube"的位置可以任意变化，展现不同的内容。

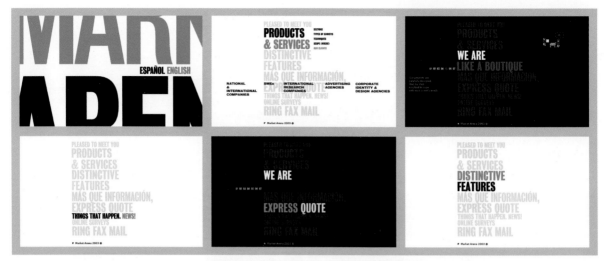

图72　好的设计是建立在简易性基础上的，这一说法并不偏颇。这个网站只用文字作为视觉元素和信息载体，而且所有文字采用相同的字体，等距排开，用黑、白、红、绿分别强调不同的信息，由此得到一个完整、简洁而个性的页面。

图73　不同排列方式组合的立体字母作为图片在网站中出现，也成为网站的焦点。

第五节　标志与图片

设定独特的网站标志是建设规范的网站的点睛之笔。

网页标志（Logo）往往会决定浏览者的第一印象。使用网页标志会增加信息气味，当用户快速扫视很多信息时尤其如此。正如初次拜访别人家，你总需要看清他家的门牌一样。网页标志在网页中作为独特的传媒符号，成为传播特殊信息的视觉文化语言。浏览者通过识别标志，引发联想并增强了记忆，进而促成了与网站的沟通与交流。网页标志的作用主要体现在如下几个方面。

1. 传递信息

一个好的网页标志往往会传递网站制作者的某些信息，使浏览者易于识别和选择。浏览者也可以从网页标志中基本了解这个网站的类型，特别是在一个布满各种标志的链接页中，网站的类型会直观地凸显出来。要在一大堆网络地址中寻找自己想要的特定内容非常困难，而用标志图形代表其网站类型就直观而容易了。

2. 树立形象

网站作为一种信息交流的媒体，在传递信息的同时，也对自身进行宣传。网页标志是网站形象的代表，是网站的标志。它集中体现了网站特色、内容、文化内涵及其个性，所以网页标志的设计和运用很重要。为了统一网站的形象，最通常的做法是统一各级页面的标志，在各级页面的显眼部位都保留标志。

3. 品牌拓展

标志就是一个网站的形象代表，一切主题活动都要围绕这个形象来进行。在设计制作宣传页面时，都要将标志放置到显要的位置宣传其品牌。这对网站及网站实体都起到了很好的品牌拓展作用。

4. 更少的空间

图标本身比文字标签占用更少的空间。网站标志往往被赋予明确的意义和目的，它不仅仅是装饰，还能与文字协力提供一种更佳的整体感，促使用户对网站功能的理解，以最少的网页空间加深访问者对网站的记忆。

图片是文字以外最早导入网络的多媒体对象。网络图文并茂地向用户提供信息，图像成倍地加大了文字所提供的信息量，而且图片的引入也大大美化了网站页面。可以说，要使网页在纯文本基础上变得更有趣味，最为简捷省力的办法就是使用图片。

图片的位置、面积、数量、形式、方向等因素都直接关系到网页的视觉传达。网站设计者在选择图片时，应考虑图片在整体策划中的作用，特别是与文字的关系。应用在网页中的图片可以是现实的、象征性的或是抽象的，也可以使用任何技术按任何风格创作。而要获得所需的图片，可以自己绘制，可以利用照片，也可以使用现有的图库。但所有的图片必须有助访问者查看信息，有利于交互的展示，也必须与网络环境的低分辨率及较低的带宽相匹配。因为网络图片有自身的特点。

（1）图片质量不需很高。因为网页图片一般只显示于计算机的显示器上，受显示器最小分辨率的限制。即使图片的分辨率很高，颜色位数很高，我们肉眼也无法把它和一张优化过的普通图片区分开来。一般来说，分辨率为72dpi是大多数图片的最佳选择。

（2）图片要尽量小，不必要的图形必须删除。网页图片用于网络的传输，受到带宽的限制，其文件尺寸在一定范围内越小越好，文件越小，下载的时间就会越短。如果有必要可以在网站上使用重复的图像。但也有些情况下，"一图值千字"，图片的效果远远超出了其他视觉元素，这样的图片花掉两千字下载时间还是值得的。

网站标志实例分析，见图74。

图74　这个儿童类网站的标志由7个字母组成，充满了童趣，在后续页中这7个字母又成为导航元素，有效地强化了网站的品牌。

网站图片实例分析，见图74—83。

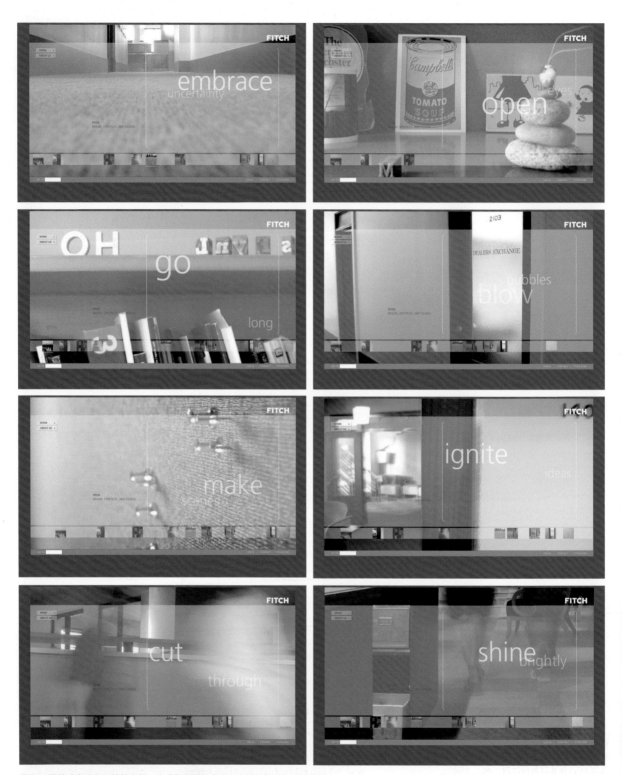

图75　图片成为这个网站的导航，也成为画面的主体，网站的性质也昭然若揭。

图76 Gizbo牙膏用了一系列
精彩的照片，描述了男女主角
在失重状态下的奇特行为，从
而暗示了Gizbo牙膏超乎寻常
的惊人功效。

图77　单线条的黑白图形和前景中的彩色图像形成了很大的反差，该网站有效地利用图形突出了网站的导航和主体信息，也制造了一种幽默的气氛，树立了网站的个性。

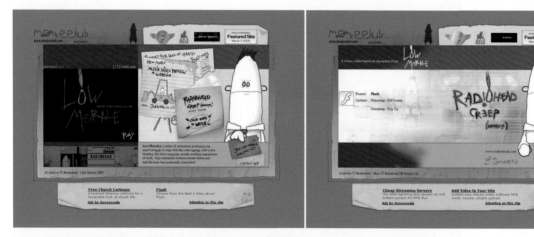

图78　网站界面中手绘的图形、随意的字体、卡通的标志和灵活的排版体现了该卡通网站英国式的幽默感。

图79　Ryan Terry的个人网站以插图的形式构造界面，并将自己的形象安排在一个戏剧性的场面中，而文字介绍则出现在人物旁边的显示屏上，一切被设置得巧妙而自然。

图80　这个交互性的网站将各式各样的图片和彩色方格混排在一个页面中，彩色的方块利用彼此间的色差，造成了闪烁的感觉，增强了画面的冲击力。

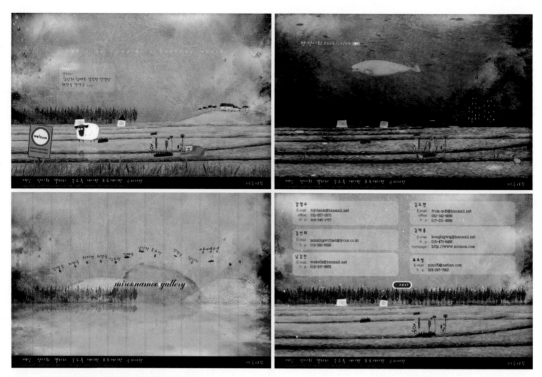

图81 艺术家的网站干脆用艺术的图片表现出来。

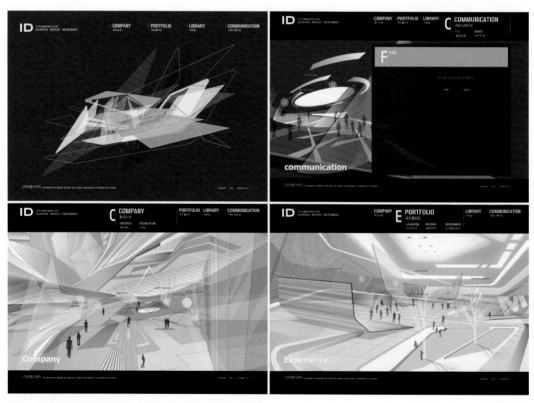

图82 三维效果图绘制的页面让人感到了强烈的现代感和科技感。

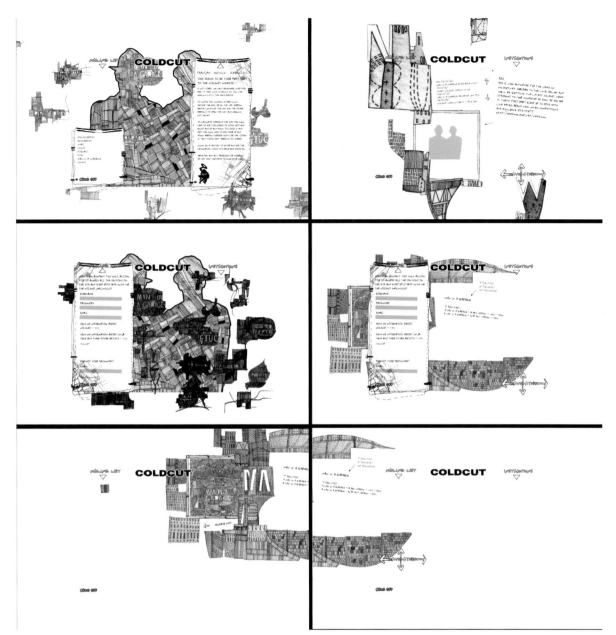

图83　网站中手写体的文字与大量版画效果的插图起到了很好的呼应作用。设计者用看似怪诞的拼贴画和字体，展现了他的世界。

第六节　动画与多媒体

网络是第一个真正的全球媒体，每台连到网上的计算机都可以供人浏览任何一个在线网页，无论用户在天涯海角。尽管网页的内容通常使用本地语言，但动画所表达的内容却无须翻译就能被理解。然而，浏览网络时，技术环境总是有局限的，设计者应当密切关注技术环境，在局限中找到可能性，并以此作为网站的优势。

在网页上，动态图像可能会是网页的动态图标、按钮，也可能是一幅广告，甚至是一行字而已。网络上的动画技术及动画传递方式在不断变化、更新。利用矢量描绘图形的Flash动画是目前比较流行的动画形式，它文件尺寸很小且成像清晰。值得注意的是，在给网站添加动画时，时间和成本都是昂贵的。因此在把资源转变为动画之前，网站策划者最好自问三个问题：动画传递的信息是否更有效？网站是否具有创建动画的充足资源？访问者下载和播放动画会不会方便可行？如果设计者在研究过程中发现利用插图传递同一信息也会获得同样的效果，那么利用动画只会浪费开发者和访问者的精力。

经常与计算机为伴的人大都已经习惯了多任务，同时查看多个程序已经是家常便饭，大多数人在网络中翱翔时，都会同时打开好几个窗口。网络动画设计师就必须注意到多任务问题，保证显示的信息不会被忽略。有的动画下载时会带有许多花里胡哨的东西，往往下载这样的动画需要很长的时间，事实上也不能满足用户的要求，在10秒内不能显示目标信息，多数用户将失去耐心。

在动画中，动作最为重要。移动的动画元素具有重要意义，它可以表达各种信息。例如，缓慢移动一个文本元素，文本从黑色中渐渐消失并在屏幕中央溶解，文本元素便有了一种戏剧性的和聚集的感觉；如果同一文本绕着屏幕旋转，那文字就好像在"玩耍"，或者是在"吵闹"，文本元素就有了另一番娱乐性的感觉；如果某个东西在屏幕上呼啸而过，便有"快速"或"紧急"的意思；而缓慢的动作则可能表达"平静"或"稳定"。这是我们所有人都能理解的动作，因而语言动作是一种通用的语言。所以设计者在屏幕上变化任何元素之前，都要想想它们要表达什么含义。同时，动画在网络设计里有它们自己的位置，假设在网页的文字区有一个旋转的标志，那么，要用户集中注意力阅读正文是极其困难的。一般情况下，最好将动画的使用减到最少。永远不要让动画无穷无尽地循环，而是让它们运行一段时间后就停止。

如果你的网站一定要运用动画，那么检查一下你所利用的动画元素是否实现如下目的：

（1）显示过渡的连续性，让用户感知各个不同部分、不同状态的变化；

（2）指出时间的变化带来的影响；

（3）同一空间显示多个信息对象；

（4）吸引注意力。

网页中增加了交互式视频之后，网站的个性、可信性和人气都会戏剧性地增强。即便是在一个小视窗里展现包含真人的视频，相对于文本、插图、动画等手段而言，也是一个质的飞跃。声音在交互式设计中也扮演了很多角色：独白可以传递基本信息；音乐和环境声音可以加强情感，烘托气氛；当有资料正在下载或站点正在等待访问者响应时，伴奏音填补了空隙。

然而，不管网络多媒体视频的质量如何高，或者它能多么迅速地通过互联网传播，当访问者进行较多的交互时，太多的多媒体视频将会使用户感到厌烦。与网页中运用的动画一样，多媒体的运用也是一把双刃剑。

网站动画实例分析，见图84—93。

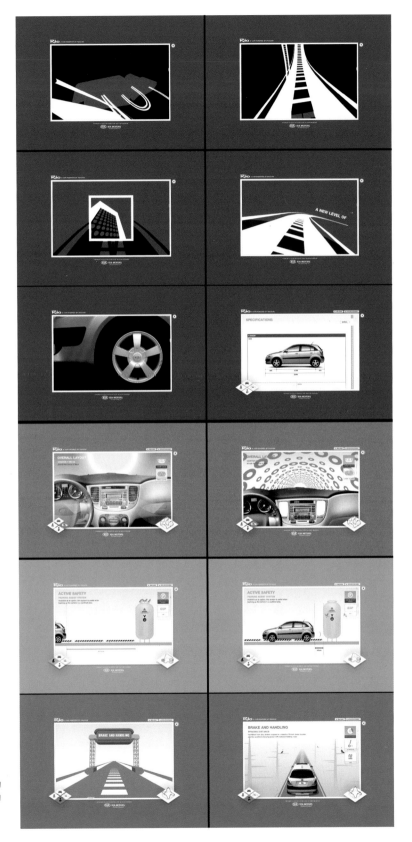

图84　汽车网站中运动的动画带有描述产品性能的叙事功能，充满了节奏感和现代感，很快就吸引了浏览者。

图85 "耐克"永远是与运动精神联系在一起的，它的网站除了运用了动感十足的照片之外，也不失时机地让网页动起来，访客首先看到的是沙滩上慢跑的女性，随着鼠标的移动，画面又会出现奔跑的男子，这时你会发现有更多的选项可以点击，随着点击区域的不同，出现的画面也不尽相同。这是否是耐克进取精神的体现？

图86 彩色的立体方块稍微变化一下大小就出现了不同的视觉效果，简单的矢量动画不仅突出了主体，也丰富了视觉感官。

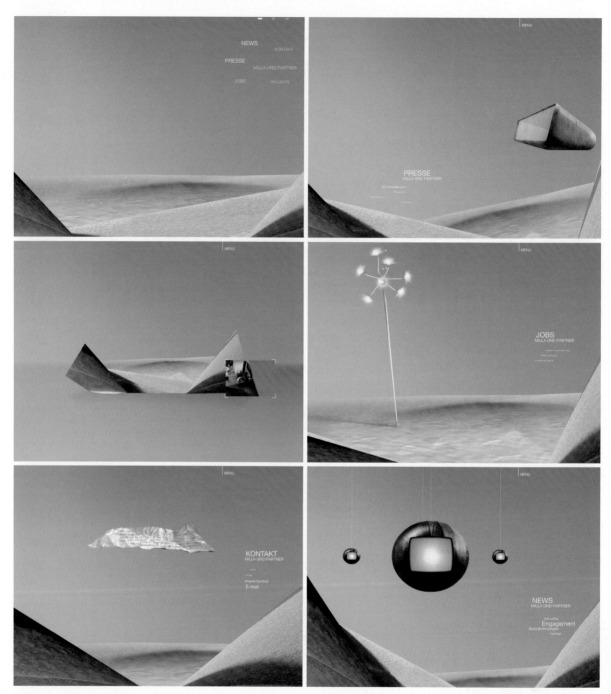

图87　在这个超现实的空间里，奇特的动画和网站优雅的色调融为一体，给人产生一种虚无缥缈的空旷感。

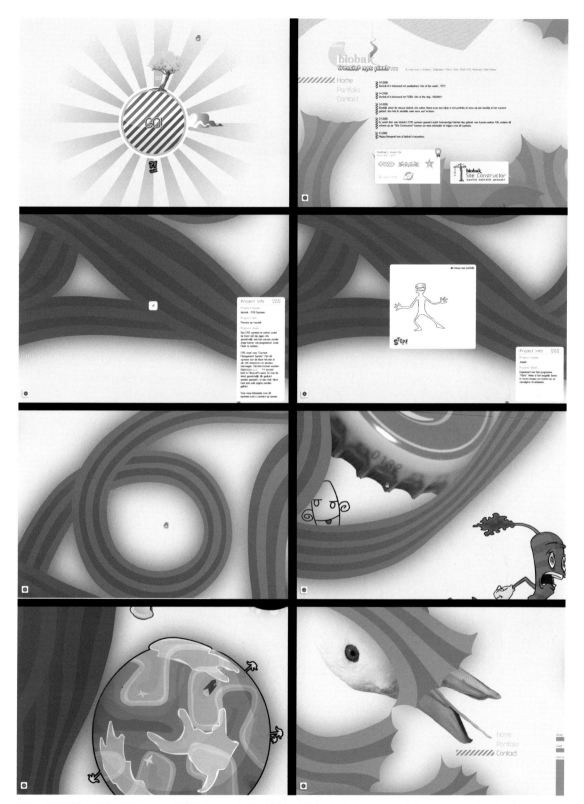

图88　虽然浏览者观看屏幕的界面不可能超越显示器，但是通过鼠标的移动可以看到远超屏幕的内容，这些页面中的图像本为一张图形，但由于屏幕的限制，每次只能显示屏幕大小的图像，所以鼠标每次拖动到图形不同部位就会出现不同的图案，移动鼠标的过程也变为一个探索的过程。

图89 韩国电影网站以生动的动画带领浏览者进入电影里的世界。

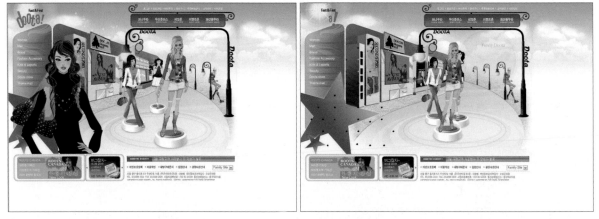

图90 在Doota服饰网站中，页面中央的3位模特犹如置身于旋转舞台上，点击网站左侧的导航按钮后，3位模特的位置会发生旋转，绚丽的动画效果为其品牌增添了青春的气息。

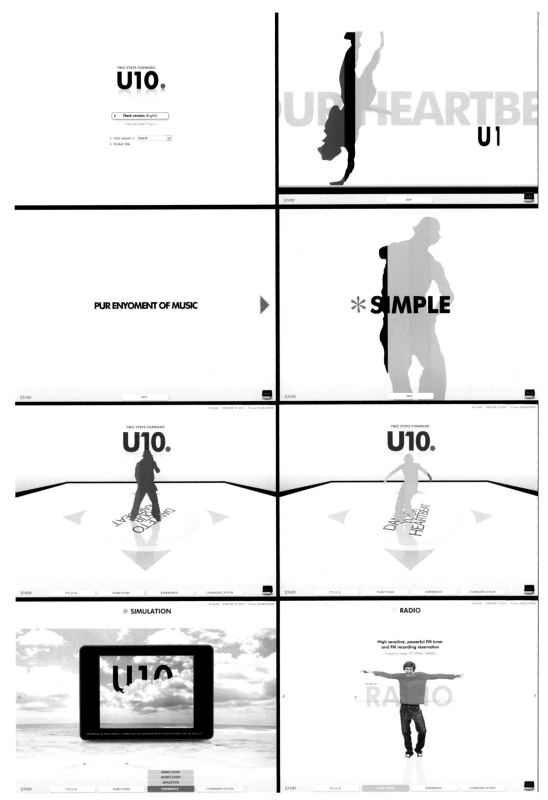

图91 充满动感的网页动画，表现出很强的节奏感，浏览者很快就了解了网站的性质和内容。

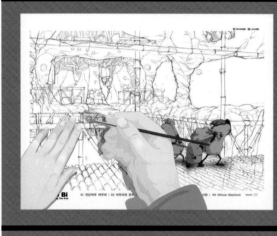

图92　网站利用动画形式一笔笔勾勒了网页的主要图形，这样的动画拉近了网站和浏览者之间的距离，让网站多了几分亲和力。

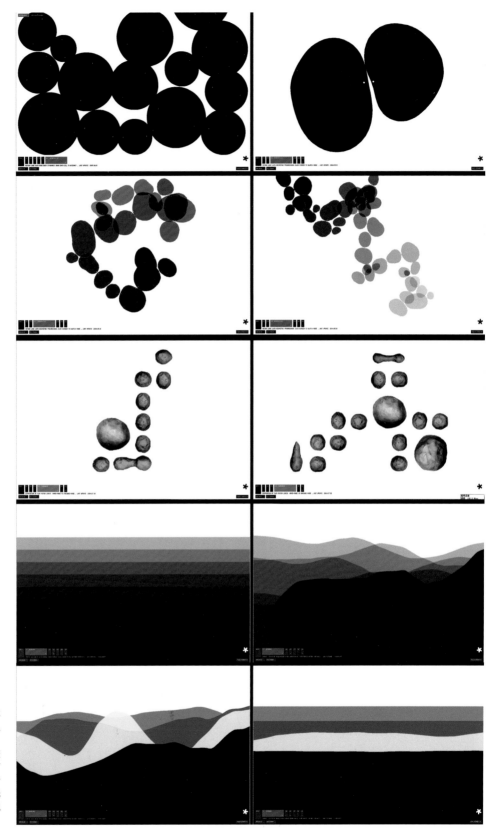

图93 这是一个展示媒体
艺术的网站，浏览者可以
在网页上点击任何部位，
观察页面视觉元素的变
化，从这个网站上我们可
以看到，艺术和科技两者
并不矛盾，网络艺术有无
限的发展潜力，艺术表现
有变幻无穷的形式……

CHAPTER 4

网页配色

第一节　基本色彩原理

颜色是由色相、明度和饱和度3个要素组成，这3个要素相互联系、不可分割。我们来看看三者的概念。

色相——不同波长的颜色构成了不同的色相。这是大家最直观感受到的色彩的相貌。

如果对不同色相的色彩分别加上黑或白，色相并不会变化，发生的变化只是明度。

明度——颜色的明暗程度。它主要取决于该颜色吸收光的程度。进光量越大，物体对光的反射率越高，明度则越高；进光量越小，物体对光的反射率越低，明度则越低。明度最高是白色，明度最低的是黑色。

饱和度——颜色的纯度，或是与中性灰的差别。凡具有色相的所有色彩都有一定的饱和度，无彩色没有色相，饱和度也为0。

显示器中的所有颜色都是通过红色、绿色、蓝色这三原色的混合来显示的，因此，这种颜色的显示方式被统称为RGB色彩模式或RGB色彩空间。在网页设计中，RGB色彩模式是最主要的色彩模式。我们来看以下几种不同的颜色模式。

RGB模式——根据显示器颜色的混合原理。RGB色彩模式是光的三原Red、Green、Blue相加混合产生的色彩。在网页中使用的图片，在显示器上出现的图像，大多数是在RGB色彩模式中制作的。RGB色彩是颜色相加混合产生的色彩，有增加明度的特征。这样的混合被称为加色混合。

CMYK模式——根据印刷颜色混合原理。CMYK色彩模式是指墨水或颜料的三原色青色（Cyan）、品红（Magenta）、黄色（Yellow）加上黑色（Black）这4种颜色减色混合表现出色彩，主要用于出版印刷制图。减色混合后出现的颜色比原来的颜色暗淡。

Indexed模式：索引色彩模式使用的颜色已经被限定在256种以内，主要在网页安全色和制作透明的GIF图片时使用。

Grayscale模式：灰度模式是在制作黑白图片时使用的模式，主要被用于处理黑、白、灰色图片。

第二节　数字色彩原理

通过数据流交换数据的所有设备中显示的颜色统称为数字颜色，光盘中的影片颜色、扫描仪扫描照片的颜色、打印机打印出来的颜色、显示器中显示的颜色等都属于数字颜色的范畴。随着数码技术的日益发展，数字颜色的应用领域也在不断扩大。

计算机显示器是由一个个像素的小点构成的，像素把光的三原色R、G、B组合成的色彩按照科学的原理表现出来。每个像素包含8位的信息量，有从0~255的256个单元。0是完全无光的状态，255是最明亮的状态。然而，除非我们告诉计算机要做什么和怎么做以外，计算机本身对颜色一窍不通，它们仅仅是计算速度非常快的加法机器，变换着一堆0和1的次序，而我们在计算机上表示的色彩正是使用这些数字得来的。

HTML表现RGB色彩采用2位十六进制数，用RGB的顺序罗列成HTML色彩编码。例如，在HTML编码中000000就是R、G、B都为00的状态，即黑色。相反，FFFFFF就是R、G、B都为255的状态，即白色。"255，255，255"分别代表红色、绿色、蓝色的最大值。这相当于色码"#FFFFFF"。

第三节　网络色彩的特点

在网络中，即使是一模一样的颜色也会由于显示设备、操作系统、显卡以及浏览器的不同而有不尽相同的显示效果。因而，如果每个人观看网站的效果各不相同，即使非常合理的配色方案也不能被如期传达给受众。最早开始使用互联网的一些国家花费了较长时间探索这一问题，终于发现了网页安全色。

网页安全色是指在不同的硬件环境、不同的操作系统、不同的浏览器中都能正常地显示的颜色集合。使用网页安全色进行配色，可以避免原有的色彩失真，它利用8位256色为基准。8位编码能有256个阶调等级，计算机是以字节为单位进行存储的，8个二进制位正好是一个字节，这个数量与人类视觉系统对阶调的分辨率等级数量正好吻合。另外，7位二进制数字仅能编码出128个阶调等级，那样会使屏幕中的天空出现条杠，美丽的风景出现斑点。这就是网络安全色具有256种颜色的原因。

具体来说，网络安全色是当红色（R）、绿色（G）、蓝色（B）颜色数字信号值为0，51，102，153，204，255时构成的颜色组合。网页安全色除去在MACINTOSH的窗口和网页浏览器中表现的40种颜色，还剩下216（6×6×6=216）种色彩。其中彩色为210种，非彩色为6种。查看HTML色彩编码是否属于网页安全色的方法是观察那个编码的组合：RGB色彩的十六进制值为FF、CC、99、66、33、00，这样的值的组合是网页安全色彩。如紫色（#993399）、黄色（#ffff00）、暗红（#cc3300）、草绿色（#99cc00）、暗蓝色（#0066cc）、橙色（#ff9933）等（图1）。

（1）不要大面积地使用饱和度很高的纯单色，否则会使浏览者感到视觉疲劳；

（2）当网站面对的用户超出本国范围时，最好使用网络安全色；

（3）为增强网页的可读性，背景与文字内容的亮度（0～255）差最好在102以上。

虽然现在对于一般用户的环境没有必要一定要使用216种网页安全色，但是在设定网站标志、网页背景色彩时还是应该对此稍做考虑。如果用户的环境只能看到8位色彩的话，无论使用多么多样的色彩也只能表示256种颜色。尽管计算机和显示器的性能越来越好，大部分用户都能使用16位以上的颜色，但只能在256色彩环境下使用网络的人还是有的。一些设计师对这种限制很反感，却不能摆脱网络世界的局限。如果想使你的作品在多数显示器上呈现相近的效果，你只能选择少量的颜色，尤其要从网络安全色中选色。如果所选颜色使用24位真彩色，将意味着多数浏览者看到的网页颜色与你原本的配色方案相差甚远。当然，面对某些受众时，你可

图1 红色箭头的地方可以输入HTML色彩编码

以忽略这些限制。例如摄影图片的论坛、销售绘画软件的网站，它们主要面对的是使用超过8位色的人群。

无论是使用丰富的颜色还是利用有限的颜色进行创作，务必使每一种颜色各得其所，这对所有的设计师来说都是一个挑战。有些站点增加了网页的色彩饱和度，提高了屏幕上的亮色对比，有些设计师利用比邻的色调、微妙的变化构成了网站的特色，也有些设计师借鉴海报、丝网印刷、卡通片、电子游戏以及激光电影的表现手法，令人叹为观止，这些好的网站通过色彩与色调就可以向浏览者传达信息，这样的网站配色方案在束缚下显得游刃有余，而非捉襟见肘。

第四节　色彩的文化

色彩的认知是很主观的，每个人对于色彩都有不同的定义与解释，但多数人对色彩的认知会形成一种趋势，而所谓的多数人，便涉及了主要浏览群体的文化认知，这中间包含了政治、宗教、社会结构、历史等诸多因素。

举例来说，为一个婚庆公司的网站设计配色方案，在中国，传统婚礼强调家庭、群体利益，所以国人刻意用红色渲染婚礼的热闹气氛，但是西方新娘都习惯身穿白色婚礼服，头戴白色鲜花，这是源于他们认为白色象征着爱情的纯洁与神圣。因而，在互联网上，中国的婚庆类网站多以红色等热闹的颜色为主，而西方的婚庆类网站多以浅蓝等淡雅的配色方案为主，很明显这就是中西方文化认知的差异。又如设计一个股票投资的网站，我们可以去浏览一下国内的证券网站，不难发现大部分网站都是以暖色调为主，色彩偏向橘黄或橘红。为什么不用绿色系呢？因为绿色在中国股市的看盘上，代表的是股价下跌。但如果你设计的是一个美国股市的网站，仍旧用上述文化思维来设计，你可能会听到美国业主的咆哮，因为红色在美国股市的看盘中代表的是跌，绿色是涨，恰好与中国相反。文化认知的差异，对于色彩配色方案至关重要，忽略这点，可能犯了他人的禁忌而不自知。

在色彩的运用过程中，由于生活的地理位置、文化修养的差异等，不同的人群对色彩的喜恶程度有着很大的差异。如：生活在凉爽的高原地区的人喜欢用暗色，而炎热的沿海地区流行白色和明朗的色彩；生活在草原上的人喜欢红色，生活在"沙漠"中的人喜欢绿色；生活在闹市中的人喜欢淡雅的颜色，女性一般较偏爱粉色

系；年轻人比较喜欢色彩鲜艳或较饱和的颜色，年龄较长者更愿意接收灰色系。因而我们在设计中要深入研究主要用户群的背景和构成，只有这样才能设计出符合用户文化认知的优秀网站。

而我们接下来讨论的色彩的象征性、心理感觉、搭配原则均是以认知色彩文化为前提的条件下继续研究的。

第五节　色彩的象征性

色彩的象征也可说是色彩的联想，一般来说这种象征可以分为自然上的象征、文化上的象征及品牌上的象征。自然象征如绿色代表草地、红色代表太阳、蓝色代表天空等由自然界的物体所联想到的色彩；文化上的象征如白衣天使、黄色的龙袍、绿色的邮差制服等；而品牌上的象征如同红色的可口可乐、蓝色的百事可乐、黄色的麦当劳等。不论哪一种色彩象征的形成，它均是经过千锤百炼才深入人心的。然而，有些象征意义却会因为诉求对象的不同而产生解读的差异，即便是同一色彩也常常带有正面及负面不同的象征意义。例如红色在中国被当作吉庆幸运的颜色，在墨西哥红色则表示符咒，而在巴拉圭，人们将色彩的偏好与感情纳入了政治生活，红色代表了三大政党之一的红党。综上所述，在设计网页时，想要透过色彩传达某一意象时，必须将色彩形成的背景因素与目标群结合分析，而不是凭设计者的主观认知率性而为。同时，色彩的认知是会变动的，同样的一群人，在不同的时间、地点都会对色彩产生不同的解读。政治性网站就是一个很好的例子，随着执政单位的改变，其网站的基本色调也将转换为符合现任执政单位的认知色系。这些都是在设计网页时要密切关注的。

第六节　色彩的心理感觉

不同的颜色会给浏览者不同的心理感受，色彩带给人们的心理感受也是会随时间、地点和环境等诸多因素而改变的。颜色可以把人的注意力吸引到特定的元素上去，而且效果很奇妙，尤其当某个元素的颜色与其他的形成反差时更是如此。相对于一致性来说，人类对物体间的差异性更为敏感，因此在页面中加入一些颜色，可以非常有效地把浏览者的视线引导到我们希望他们看到的地方。颜色不仅仅是装饰，它能够促进交互，能提供方向感。一致的网站颜色方案会提升整体的信息体验。利用不同的遮罩和颜色，你可以把某些选项带到前景，而把其他在视觉上推到背景。下面我们总结了广义上人们对不同色彩所产生的心理感觉的共性。

黑色与白色——亮度对比值最高，它们能吸收所有其他颜色。黑色和白色本身清晰鲜明，其中白色具有洁白、明快、纯真、清洁的感觉，黑色具有深沉、神秘、寂静、悲哀、压抑的感受。专业研究机构研究表明：彩色的记忆效果是黑白的3.5倍。也就是说，在一般情况下，彩色页面较黑白页面更加吸引人（图2、3）。

图2 "Killing Time"网站似乎有意要让时光倒流，黑白为主的界面好像让我们回到了黑白默片时代。

图3 简洁抽象的灰白界面，高雅而宁静。

灰色——给人的感觉是柔和、安详、中庸、平凡、温和、谦让、中立和高雅。灰色的性格比较随和，它可以和任何颜色搭配。灰色也有很多种，例如：HTML代码为＃CCCCCC、＃DDDDDD、＃EEEEEE的颜色（图4、5）。

图4　灰色的背景上设计者勾勒了草图形式的页面主题，此时的灰色背景让人感到了一种现代感和稳重感。

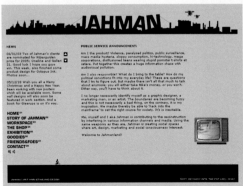

图5　简洁的灰色在JAHMAN网站中起到了很好的衬托作用，整个网站在浅灰色的映衬下显得和谐而高雅。

橙色——是具有味觉感受、令人激奋的颜色，人们看到它就会分泌唾液，它具有轻快、欢欣、热烈、温馨、时尚的效果。它让人感到温暖并能激起人们的食欲，所以在推销商品时使用橙色效果很好（图6）。

　　黄色——具有快乐、希望、智慧和轻快的个性，它的明度最高（图7、8）。

图6　背景中纯正的橙色无疑为网站增添了活力和朝气，让人感到网站的无限生机。

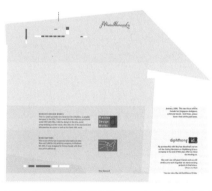

图7　黄色调具有快乐的个性。

图8　充满阳光的黄色调，让浏览者感受到了希望和活力。

红色——视觉刺激很强，也很温暖，如同迸射出的火花一样洋溢着热情，牵动着人们的心。它是一种激奋的色彩，能使人产生冲动、愤怒、热情、活力的感觉（图9）。

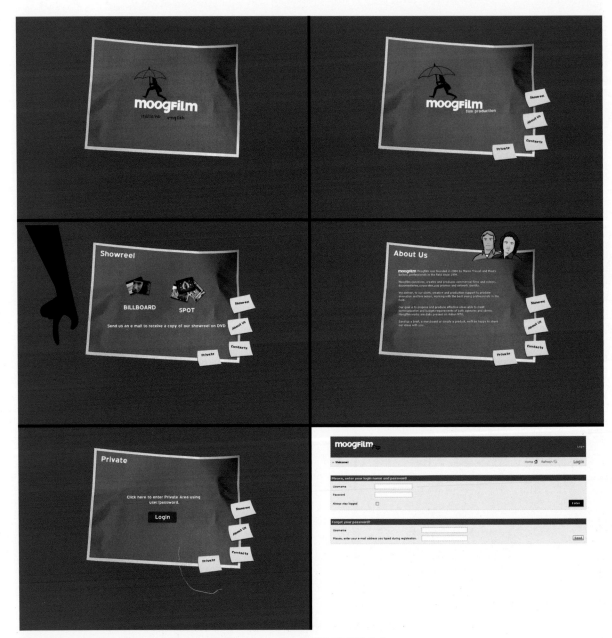

图9　红色是这些网站的主色彩，同一种红色之间稍微的明暗变化都给网站带来了强烈的动感。

蓝色——虽然是冷色，但它看上去一点也不消极，
蓝色代表自信、百折不挠、永不服输和挑战的精神
（图10）。

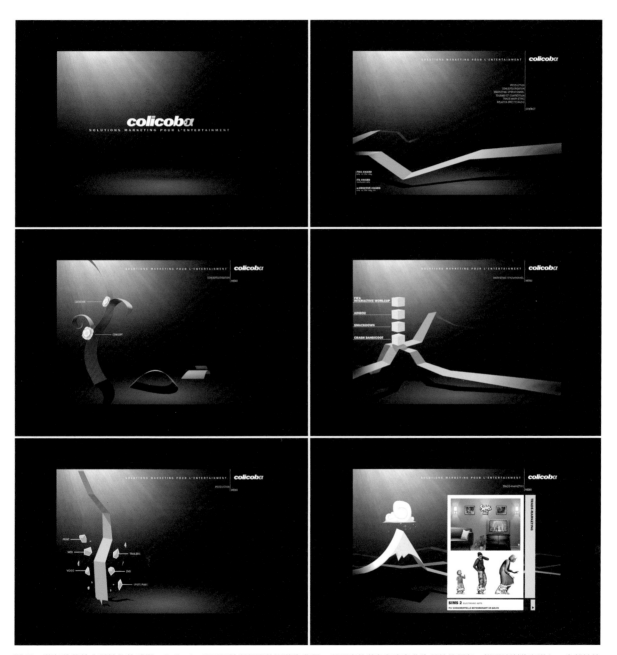

图10　蓝色往往给人男性化的感觉。Colicoba公司网站以凝重的深蓝为背景，以明亮的黄色和白色作为导航的颜色，似乎让浏览者进入一个美妙的
海底世界。

绿色——环保色，介于冷暖两种色彩的中间，显得和睦、宁静、健康、安全（图11—13）。

红紫色——红紫色是年轻的色彩，也是代表女性的色彩，它的个性非常强烈（图14）。

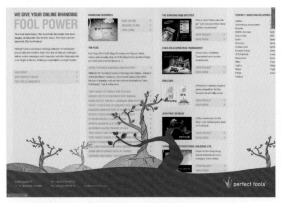

图11　绿色是大自然的颜色，人们在联想自然界的时候，首先浮现在眼前的就是树木，而在自然界的色彩中，最具代表性的就是树木的绿色、Perfectfools网站就运用树木为主要图形，以绿色为主色调，让浏览者处于舒适健康的气氛之中。

图12　自然界是我们生活的根基，绿色可以使我们感觉和平、自然和安全感，3M网站正是利用绿色背景加强了人们对其产品的信任感。

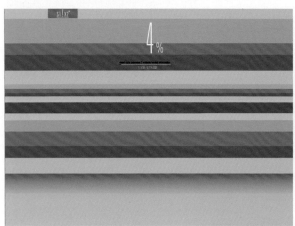

图13　不同明度、不同质感的绿色在同一网站中起到不同的视觉效果。

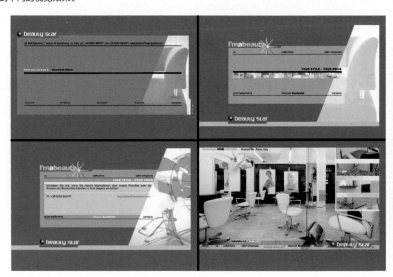

图14　美容网站运用了极富女性色彩的红紫色，为网站增添了几分魅力。

第七节　网页配色特点

网页配色除了需要关注上述共性之外，还要考虑到为网页配色的特性。

1.色彩的鲜明性

普遍来说纯度高、鲜艳的颜色比较引人注目。在网页设计中色彩鲜明的颜色可以被用于标题区或活动区，吸引用户直接点选。但引人注目的色彩搭配起来不一定识别性高，例如鲜红与鲜绿的搭配十分抢眼，但识别性却很低。强调内容信息的画面，我们还是必须以容易阅读为第一优先考虑，不要让配色妨碍阅读。

2. 色彩的独特性

在给网页配色时，一定要对网站所要传达的信息有充分的认知，例如网站要强调的是自然、环保，便可以蓝、绿色系为主，诉求的重点如科学、技术，则可用蓝、黑色系为主。此外，如果是企业网站，一定要结合企业本身的品牌形象，将网站视为企业整体形象的一环来设计。

3. 色彩的功能性和习惯性

色彩搭配时，还必须注意色彩的功能性，而功能性往往牵涉到普遍浏览者习惯性，例如链接点的颜色问题。大多数网络浏览器都使用两种不同颜色显示链接：用户没看到过的网页链接通常显示为蓝色，而用户看到过的网页链接通常显示为红色或者紫色。在链接颜色中，继续使用这种编码，对网络可用性是非常重要的。

用户往往对站点中的结构和位置是不敏感的，如果使用了非标准链接颜色，用户无法清楚地了解站点的哪一部分已经访问过了，哪一部分没有访问。因而一些用户会把时间浪费在重复选择同一个选项上；或认为已经试过所有的选项，因而过早放弃深入网站；或不能回到他们曾经读过的有用部分。因而，熟练的界面设计者通常会使用蓝色作为未访问的颜色。因为浏览者在使用蓝色作为未访问链接时不会有延迟，读它只需要几微秒的时间，而对于不标准的网页颜色，人们需要几秒钟的认知时间，相比之下，使用蓝色表示链接有效多了。因此网页配色设计在功能上的考虑不容忽视。

4. 色彩的有限性

一个网站最好有一个主色调，并利用这个主色贯穿所有的页面，控制色彩数。以少量的颜色构建适当的配色方案，在多个地方重复使用每种颜色，并保持整个网站所用颜色的一致性。以灰度模式查看网站，测试网址的可访问性。同一个页面色彩不要太多，过多的色彩会降低网站的阅读性。

5. 色彩的周期性

色彩的含义会因时、因地、因人产生不同解读，没有一种色彩组合可以历久不衰，用户长期面对某种色彩难免会产生厌倦或排斥的心理。所以说，一次成功的色彩组合，并不保证永远成功，适时的变化配色可以让用户的目光停留得更久，也能发挥互联网实时更新的特性。

第八节　网页配色实例分析

　　首先介绍几个专业的配色网站，这些网站可以根据用户喜好提供配色方案参考，直到搭配到理想的色板。

　　Palettable.io网站请用户选择"喜欢"或者"不喜欢"的颜色，不同的配色组合一级一级呈现，最终出现理想的配色方案。

　　Colorlibrary.ch网站可以对图片色彩进行色相分离，用户选择保留哪些色彩，在网站观看配色效果。

　　Flatuicolors.com网站提供了扁平化配色方案参考。

　　Pigment.shapefactory.co网站除了选择色相以外，还可以针对明度和纯度进行调整，来获取协调的配色方案。

　　Brandcolors.net网站收录了许多著名品牌的颜色代码，例如Adobe、Alibaba、Amazon、Andriod、Baidu、Dell、Disney、Google、IKEA、LEGO、Pizza Hut、Samsung、WeChat、XBOX、YouTube……

　　另外我们也可以参考以下网站，看看网页颜色是如何相互呼应，帮助浏览者快速了解网站的性质，并体验其产品的功能，最终烘托该网站的格调与情怀的（图15—37）。

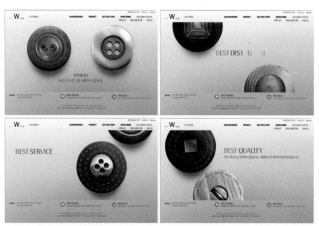

图15　在这个纽扣产品的网站中，图片中的纽扣都成了一件件艺术品，在灰色的背景下显得高雅而精美。

图16　这是一个需要浏览者参与的网站，网页中央放置了5个颜料罐，访客可以利用这些颜料罐在墙上喷涂任何图形，通过这个网站每位浏览者都可以控制页面上的色彩，创造涂鸦艺术。

图17　Thinkmad设计公司的网站以"光"为主题，蓝、黑为主色调，界面呈现了纯净、清澈的风格。

图18　Spoon服装网站像爆炸火药一样使用颜色，让颜色落在随意的地方，为了展示其品牌的街头装，该网站还采用混合空间的图片，喧闹的街景图、火爆的颜色使网站产生了强烈的视觉冲击力。

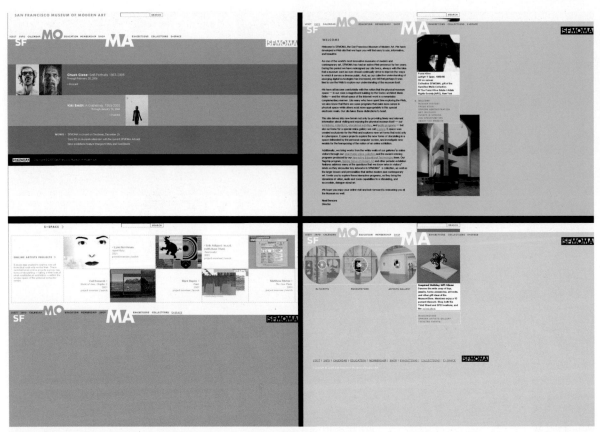

图19　这是著名的旧金山MOMA现代美术馆的网站，设计者为了体现现代感，用了纯度极高的不同颜色来代表不同的页面，同时也留出足够的空间，让访客在浏览艺术作品或相关信息的同时得到放松。

图20　"MtDew"网站在确定了网站绿色的主色调之后，点缀了其他各式各样的颜色，用生动的肌理感和真实的现场感，让每个浏览者都眼前一亮。网站除了向人们展示其品牌产品外，更重要的是通过其网页信息和细节向人们宣传"Dew"品牌的生活理念、文化观念，打动消费者内心。

图21　我们不得不承认应用充满魅力的照片是吸引用户注意的一条捷径，Fornarina服饰网站用绚丽的照片占据了大部分界面，更为奇妙的是，在鼠标滑过这些照片时，图像还会变换成另一番面貌，在光影交叠的模特秀中，相信浏览者一定会流连忘返。

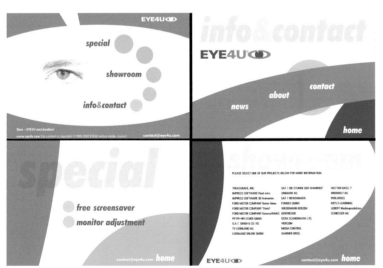

图23　"列宁，1919"让我们又回到了百年之前的时光。

图22　Eye4u设计公司的网站以其跳跃的颜色、流畅的动画在业内广受好评，它利用Flash动画制作的每个页面单独来看都是一幅精美的构成作品，专业的网站界面将为网站业务的拓展立下了汗马功劳。

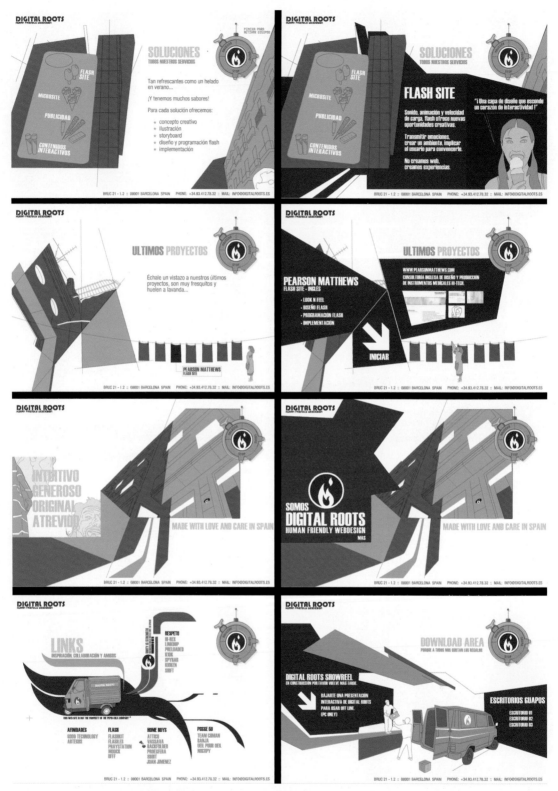

图24 作为一个介绍黏土动画的网站，网页自然而然地利用泥土的颜色为主色调，在右下角还铺上具有肌理感的泥土，卡通形象似乎也在这样的土壤上找到了自己生存的空间。

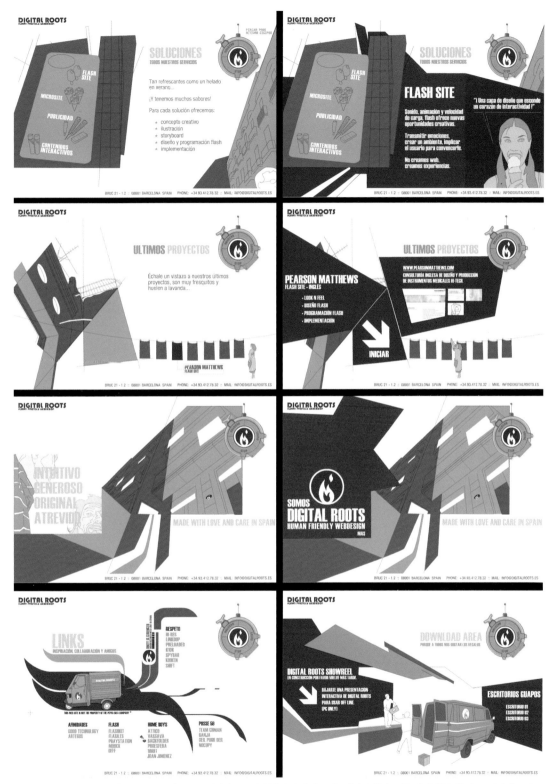

图25　这个设计类网站用色鲜明，界面中不规则的色块和明朗的线条让人感受到了节奏和效率，似乎把浏览者带到了一个密集、多面的世界。

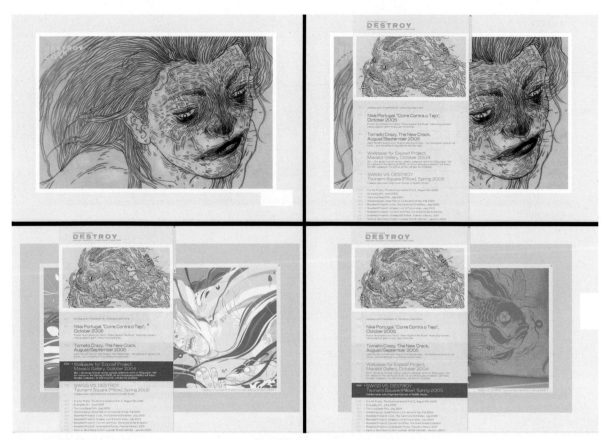

图26　在大面积的图案背景的衬托下，玫瑰色的导航条成为最醒目的视觉元素，指引着浏览者。

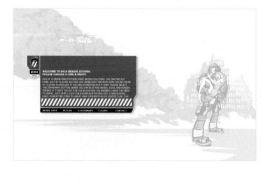

图27　这是一个广告公司的网站，它在首页中用比喻的手法和所有浏览者开了个玩笑，让你以为这是一个急救中心的网站，在红色的火海中，消防员提醒用户："你正处于大火之中，请快逃生。"在浏览者继续点击之后，火海变为浅灰色的背景，公司介绍和导航就醒目地出现在红色的警告牌上。设计者在这个网站中以色彩为工具，把浏览者引入他的世界。

图28　色彩在这个网站上超越了束缚，浏览这样的网站让人赏心悦目，心情愉快。

图29 可口可乐杯足球网站以可口可乐的标志红色为主色调，旋风般的红色让你身不由己地进入了一个运动的世界。

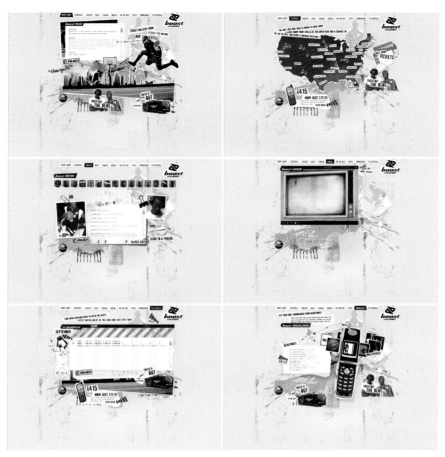

图30　Boost运动用品的网站像是一个展示拼贴艺术的展台，所有元素都好像被裁剪之后贴到了斑斑驳驳的墙上。标志、导航条、文字、丝网印刷效果的拼贴画作为一个个独立的元素在设计者的精心策划下自然地拼合在了一起。这也使这个网站显得很出众。

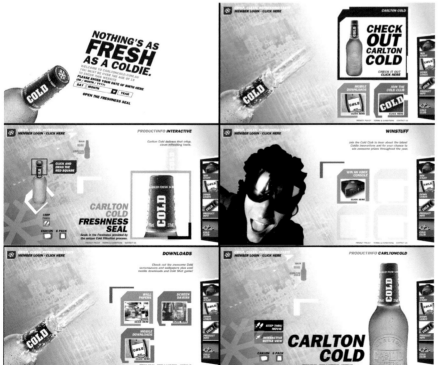

图31　Carlton啤酒网站为了宣传该品牌的新鲜和清爽，用了蓝白渐变的背景，有些页面还飘落着雪花，黄色的啤酒在明亮的背景上跃然而出，人们似乎可以从页面上嗅出清爽怡人的味道。

图32 这个站点的特色在于它用色的简单、直接。浅灰色的背景上描绘了卡通的人物，导航条和文字一目了然，很容易就能使人辨别网站功能以及用户当前的位置。

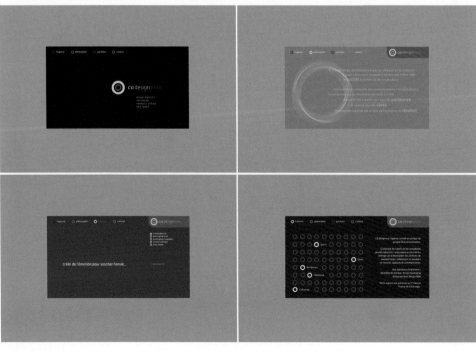

图33 设计师使用了最少的颜色，清楚地定义了网页的功能、组成部分和网页的区域。颜色本身没有什么内在含义，但颜色之间却能形成明显的区别。该网站在不同的信息区域使用了不同的色彩，单元格内填充的颜色，可以显示得很快。

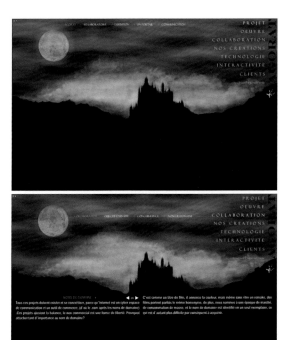

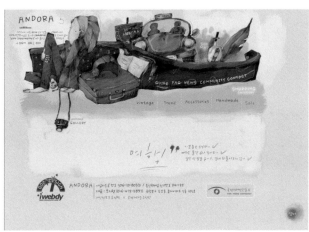

图36 为了保持使用手绘作品的艺术感，网站的设计者不仅以素雅的彩色铅笔绘制了标志性图形，也用手写体文字设置了导航，页面轻松悠闲，充满了设计者的个性气质。

图34 该网站描绘了一个夜黑风高的夜景，充满了悬念，给浏览者无限的遐想空间。

图35 网站运用了大量原色，以平涂的效果，突出了简朴感和感召力，白色长条上的文字醒目地说明了网站的主题，浅绿色背景上点缀着少许红色，增加了页面的动感。

图37　随着访客访问时间的推移，网页的背景色彩会自动发生变化，变色的背景给网站严谨的排版带来了活力。

第五章

CHAPTER 5
网页制作软件的应用

网页制作应用阶段，我们将利用各种软件建立一个站点。其内容包括准备所需要的文本、图片、声音和导航组件，构造环境，收集信息并将其与代码结合，并使之可用。在这一章中，我将以学生创建的网站作品为例，帮助读者系统地掌握网页的制作过程。在即将被创建的网页中，我还将描述Photoshop、Flash和Adobe XD等软件的一些重要特性，在学习的过程中你可以获得一些经验并将Flash动画运用到该网站，在团队协作时要注意保证团队内软件版本的一致性。本书案例将着重介绍与网页设计有关的操作步骤，平面设计等基本操作步骤则不赘言。

第一节　故事板（Storyborad）构思

应用软件：Photoshop或手绘

故事板往往被用来模仿并组织一个界面可能的组成部分，它利用草图来描述图形元素，使用简短的概述来代表正文，以此阐明站点中各个页面或元素之间的关系。同时，故事板显示访问者如何浏览站点、如何与之交互、如何提供信息，此时站点的薄弱之处也将显现出来。故事板的编排将有助于你判断网站设计方案是否可行，帮助你确定所拥有的信息和导航工具。一旦有了全局的概念，细节就很容易被勾画出来。

首次创建自己的网站作品时，可以按照1024×768（像素）的分辨率为基准制作，在实际设计版面时去除导航条所占的位置，网站内容安排在以浏览器为基础的中央位置，设计1000×600（像素）大小的画面（图1）。此次学生作品的要求是：网站除了首页以外，设计4～5个子页面，内容为学生VI作品的延续，即为自己设计的品牌形象创建网站（图2）。

绘制故事板时，应该根据自己的手绘能力选择相应的艺术风格。素描能力强的设计者可以选择线描风格（图3），也可以创建视觉流程清晰的抽象版式设计（图4），偏爱装饰风格的设计者可以将底纹等元素综合设计（图5），设计以动画为主的网站可以考虑以分镜头的形式设计网站（图6），为故事板增加些色彩，也可以让网站的风格更为明确（图7）。

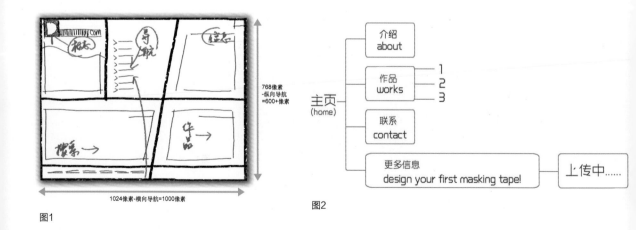

图1

图2

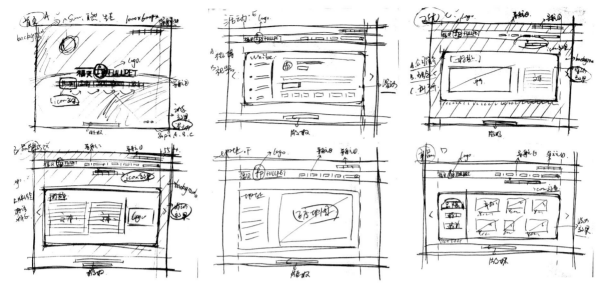

图3　设计者：彭帆

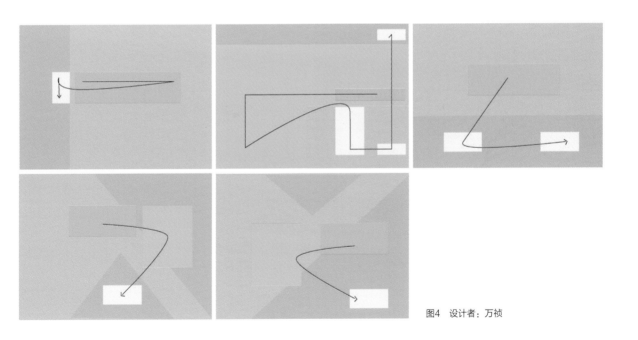

图4　设计者：万祯

图5 设计者：周正韵

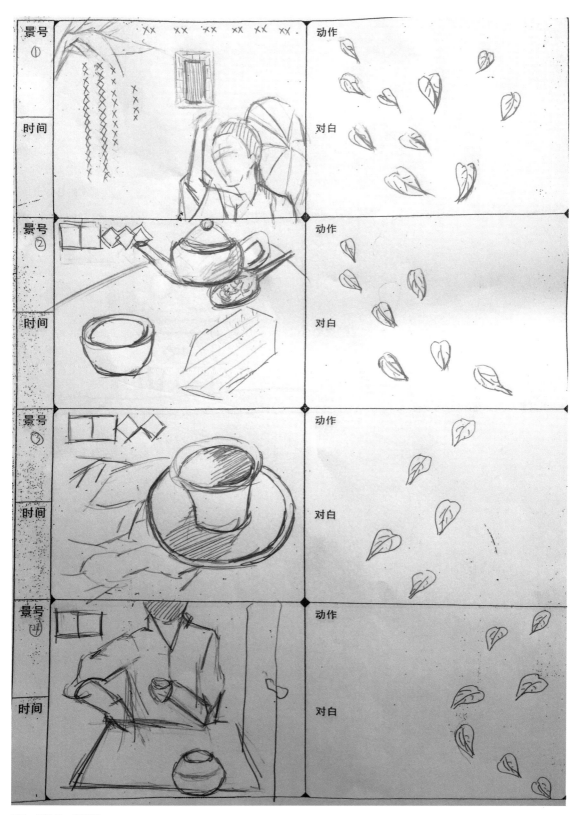

图6 设计者：梁利军

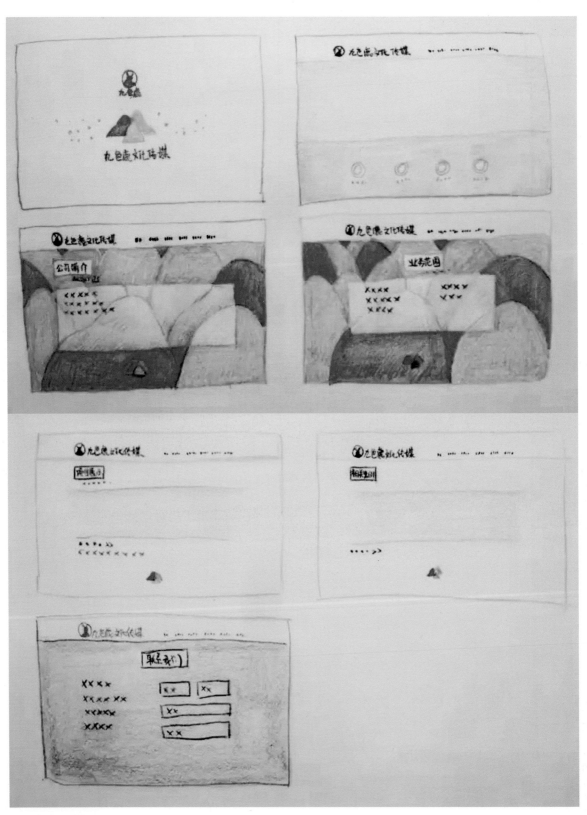

图7　设计者：龚向华

第二节　整理素材，实现界面风格

应用软件：Photoshop

所谓"磨刀不误砍柴工"，在设计界面之前我们需要将所有素材整理妥当，使之井然有序。所有的网页图片都必须进行艺术设计，在Photoshop上创建的任何效果几乎都能应用到网站上。在实际操作中我们可以利用Photoshop的图层集将所有图层组织到逻辑分组中。网页设计文件通常具有大量的图层，应用图层集可以将某些图层保持在单独的集合中。这样可以避免图层混乱地堆砌在调板中，并使其更容易被利用。因而，将相关的图层组合并到一个图层集中并将其命名，选择一种你喜欢的标注颜色（图8）。

在实现了故事板到网站页面的整体布局之后，我们现在需要分析下网站性质，以决定我们接下来主要采用哪种软件创建网站。如果页面构建结构清晰，各级页面导航明确，网站需要建设大规模的数据库，我们建议接下来利用Photoshop软件进行切片，方便开发人员整合网站；如果网站需要大量动画，以演示为主，不需要大量数据更新，我们建议可以利用Flash创建网站（图9）。设计者在设计好草图后，完成了画面的整体布局，考虑到页面出现了较多的动画，并且该网站向浏览者以演示方式为主介绍品牌，所以后期设计者采用Flash方式创建网站。

图8　设计者：唐佳菁。红圈内是利用图层集将各个图层排列以逻辑分组以后的情形，双击图层集名称则可修改图层集属性，更改名称和颜色标识。

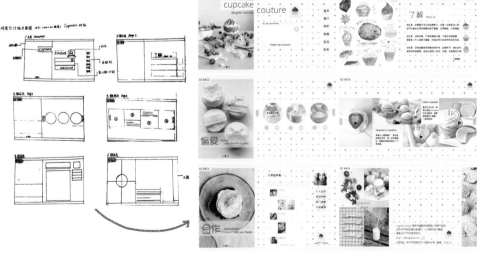

图9　设计者：邹莹。设计者在设计好草图后，完成了画面的整体布局，考虑到页面出现了较多的动画，并且该网站向浏览者以演示方式为主介绍品牌，所以后期设计者采用Flash方式创建网站。

第三节 切片分割

应用软件：Photoshop

基于网络应用程序的发展和电子商务的增长，网页浏览必须极快地进行。在加载网页时所经历的下载延迟会让用户失去耐心。通常缓慢的响应时间等于可信度的降低，也将导致通信量的减少。因此，为网页准备图像是件需权衡之事——不但要寻求良好的图像质量和色彩搭配，还要考虑文件的尺寸以便快速下载。不幸的是，图像质量和速度两者是相互矛盾的。图像中颜色越细腻，保持的细节越多，压缩的文件就越大，下载的速度也越慢。所以缩减颜色和压缩图像对于网页设计尤为重要。

优化图像的方式在软件应用中表现为切片。在网络世界中，之所以要把一幅图像切为不同的小片段，其原因有三。一是使其与指定的HTML表格结构相适应，从而实现该页面的设计和技术需要。二是由于多个较小的图像文件下载起来比一个大文件快，因而在应用切片的时候，可以将一个单独的大文件切成若干小块，在下载文件时可以无缝拼合，获得更小的文件和更快的下载速度。三是能单独优化每一个切片，可以选择不同的文件格式、适合的色板类型、颜色数目或透明度，从而使图像质量达到最高，获得外观不错且快速下载的网页。

所以，布局切片的研制成为网站原型设计阶段面临的挑战：开发人员在实现过程中，需要计算好每一个元素的位置，然后再调用切好的图进行填充。因此切片必须足够灵活，以便能包括所有可能的导航和信息元素，又必须结构化，能在视觉上创造必要的连续性。在学习切片技巧前，我们先来了解一下不同文件格式之间的关系。

JPEG格式——JPEG在压缩照片方面比较擅长。JEPG通过丢弃它认为非基本的图像信息部分来压缩图像，这种压缩方案即有损压缩。它可以使用很高的图像压缩率，但也会引起图像质量降低，导致严重的图像失真，尤其表现在对比强烈的颜色边界上。JPEG提供完全的24位颜色（有数百万种颜色），但它不允许图像部分透明，适用于颜色较多、构成较复杂的图片（比如一些照片、渐变颜色等等）。

GIF格式——GIF很适合单调颜色的图片和较小的文件，但是它最多只支持8位颜色（256种颜色），压缩较大的照片效果比较差。而GIF允许有限的透明度，如可以使图片在网页背景上映出影子。GIF适用于颜色较

少、构成较简单的图片（例如大色块构成的图片等）。另外GIF还支持动画。

PNG格式——PNG既允许8位也允许24位颜色，并且精确控制透明度。它压缩得很好，随着Flash等多媒体格式的普及，PNG格式也越来越受欢迎，因为浏览器的Flash插件能够处理这种高质量的、可控制透明度的PNG格式。PNG使用"无损"压缩方案，它可能会产生较大的文件，但是不会导致图像质量降低。PNG24成为一般切图最常用的格式。

下面我们就边操作边描述具体的切片策略。

1. 创建辅助线

进入Photoshop，首先我们需要为每个切片进行精确的定位。打开标尺（Ctrl+R），单击内侧的左标尺，然后向外拖出垂直辅助线，同理，单击上侧标尺，拖出水平辅助线。利用移动工具可修改辅助线的位置，根据画面色彩分布和链接区域设置好所有辅助线。

2. 创建导航切片

方法一：从工具（Tool）调板中选择切片（Slice）工具，其外形看上去类似一把刻刀。我们首先切出导航链接：使用切片工具单击导航上的按钮"project"，然后拖动切片通过该按钮上的垂直辅助线，确保该切片贴紧到该按钮的上下辅助线。接下来采用同样的方法处理其他链接（图10）。

图10

方法二：从切片菜单Slice中选择"基于参考线的切片"，瞬间所有切片都根据辅助线被切割而成（图11）。

3. 为每个切片定义属性

从工具栏切片（Slice）面板打开"切片选择工具（Slice Select Tool）"，也就是带箭头的刻刀工具。用切片选择工具可以选择并修改切片的名称等属性，此例中导航菜单的名称被定义为Nav_01、Nav_02、Nav_03……以此类推，注意切片的名称不要使用中文，否则在HTML中很容易出错，引起不必要的麻烦（图12）。

切片也能输出为No image（无图像）切片，因为并不是每个切片区域都包含实际图像。No image（无

图像）切片将被指定颜色填充的表格单元所代替。任何单色区域不需要被输出为图像切片，而且由实际图像信息组成的切片应当尽可能少地包含单色区域，因为这将导致切片文件尺寸过大。此例中，导航栏旁边的切片是由单纯的橙色色块组成，没有图像，这时就可以修改切片（Slice）属性为No image，再用吸管工具将前景色变为该色块的颜色，然后在Background选项中选择Color的颜色为Foreground Color（前景色），这样的切片就既具有色彩又不占字节。

4. 修改切片组合

切片完成之后必须仔细检查切片组合，刚才切割完的切片，虽然生成速度快，但必须修改一些切片的组合，使其结构更科学。例如，在导航旁生成的单色切片，由于其属性完全相同，完全可以合并为一个切片，这时利用"选择切片工具"，结合"提升"或"划分"工具，将切片合并或划分（图13）。最后放大页面，检查切片与切片之间是否存在间隙，最外的一圈像素必须要么是纯黑色，要么是透明，不可以有一点点半透明的像素，也就是说1%的投影也不被容许。

5. 命名切图

开发团队在实现某个页面的过程中，必须一张张地找切图，把这些切图一一对应起来，所以一个精确的命名可以让开发人员一目了然。以"icon_settting_normal"这个切图为例，icon代表"是什么"，setting代表"在哪里"，normal代表"状态"。

图11

图12

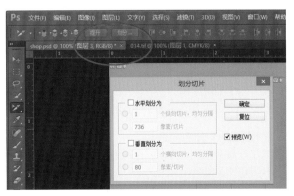

图13

第四节　优化图像

图片的大小由文件的格式、颜色的数量、图片的分辨率及图片的实际大小决定。优化图像的主要方法有设定文件格式、压缩图像的色彩数据和控制图片分辨率等。为了缩短下载时间，如果有可能的话，每页都可被限制在25K以内。

对于JPEG压缩来说，压缩数量取决于单独图像的可视化复杂程度，图像越复杂，能压缩的就越少，单调颜色或重复图案的区域越多，压缩效果就越好。压缩颜色数据时我们会发现，压缩GIF、PNG文件时必须在颜色调板上选择色彩位数，而压缩JPEG文件则没有这样的选项，所以在压缩GIF或PNG文件时尤其要注意色彩空间的运用。

压缩图片颜色数据时，计算机每次读取一列像素，并同时保存颜色改变的信息，而不是保存每个单像素点的颜色。因而每列像素点颜色改变得越少，文件被压缩得越厉害。因此，垂直的颜色渐变——颜色从上到下改变——每列都是相同的颜色，文件就会被压缩得非常小，但是水平或对角线渐变——颜色从一边改变到另一边或从一角改变到另一角——每列都是不同的颜色，就不能压缩得很好了。所以如果要使用GIF格式保存文件，要避免水平或对角线梯度，因为垂直梯度压缩得比水平和对角线厉害。

JPEG和GIF在优化图像时在三个方面——交替扫描、透明性和动画——表现出不同的特征。交替扫描允许浏览器隔行下载，快速显示该图形的粗略版本，以便访问者在图像完全下载之前看到图像的大致样式，与此同时访问者可以与之交互，而不必等待整个文件下载。在JPEG文件中要实现交替扫描要选择Progressive JPEG选项，而对于GIF文件必须选择Interlace Gif实现交替扫描。而PNG组合了GIF和JPEG的最好特征，支持透明背景和交替扫描，并能把图像压得比GIF更小。接下来介绍下Photoshop优化文件的方式，进入文件/储存为Web所用格式，然后就可以选择不同优化文件的格式了。

1. 优化JPEG文件的方式

对于JPEG格式，我们可以在Photoshop里可将图片质量设定为中档，这在很大程度上压缩了图片的大小，却没有明显的效果上的损失。

2. 优化GIF文件的方式

利用索引颜色压缩GIF文件是许多网页设计师忽视的环节。事实上，减少GIF文件中的颜色数目，可以有效地压缩文件并保持较好的外观。减少GIF文件颜色的具体方法如下。

（1）首先在GIF调板中使用256作为该GIF文件的Colors设置，再基于图像的基本外观选择一个随样性色板（Adaptive）。我们再来看看这几个压缩色彩的选项区别：

● 随样性（Adaptive）色板被用于在图像中经常出现的颜色；

● 可感知（Perceptual）色板和随样性色板相似，但它同时考虑到人眼十分敏感的色谱部分；

● 可选性（Selective）色板类似于可感知调色板，适合网络颜色和在较大的不鲜艳的区域经常出现的颜色。

（2）然后使用吸管（Eyedropper）工具，按下Shift键并单击或在图像中拖动，选择重要的需要保持的颜色。在颜色表（Color Table）调板中，你选择的颜色样本将被显示出来。

（3）单击颜色表调板中的锁定（lock）按钮，以便选择的颜色在你减少颜色数目时不会被删除。

（4）减小被锁定颜色外的颜色数目，并在优化视图中观察变化，防止因删除颜色而导致质量恶化。若删除的颜色引起质量降低，则按Ctrl＋Z，恢复刚才被删除的颜色，重新删除其他不重要的颜色。直到颜色表（Color Table）调板中出现的颜色数目最少而质量不减。

（5）为了进一步减小文件尺寸，可以尝试使用仿色（Dither）和损耗（Lossy）方式进行压缩。仿色的工作原理是点缀两种不同颜色的点以生成3种颜色的假象，但是因为它会妨碍压缩，有时它会使压缩文件的尺寸增大而不是减小。而杂边（Noise）形成的文件则更大。损耗压缩在减小文件大小的同时允许图像有些失真，在10%～40%之间的设置不会使图像质量恶化得太多（图14、15）。

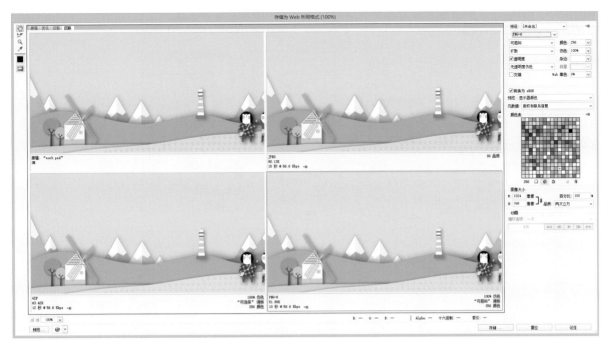

图14

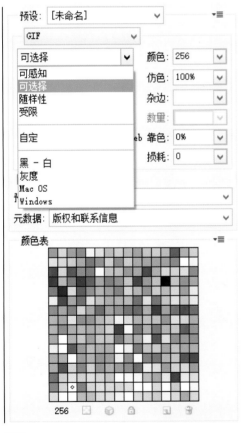

图15

第五节　预览网页

　　在优化完所有切片之后，我们就可以轻松地预览网页了！检查完所有的细节后，点击文件/将优化结果储存为，为制作的网页命名，并在保存类型中选择HTML and Images，这时注意你保存的路径，它会自动生成一个HTML文件和图像（Image）文件夹。当创建切片并保存了优化文件之后，Photoshop不只是根据切片来排列图像，它也创建了一个HYML表格来将其控制在一起，一个简单的页面创建成功了！（图16，设计者：陈伊甸）该网站导航明确，里面有大量的互动信息，设计者采用Photoshop进行整体布局与预览。

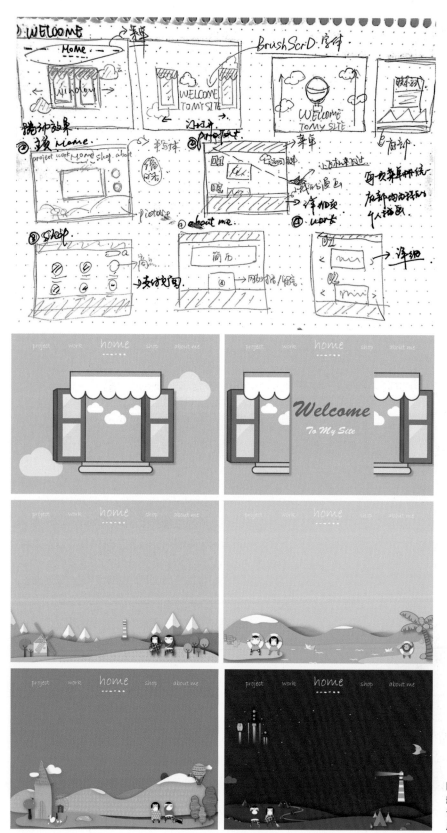

图16 设计者：陈伊甸。该网站导航明确，里面有大量的互动信息，设计者采用Photoshop进行整体布局与预览。

第六节　动画设计

应用软件：Flash

人在看物体时，物体在大脑视觉神经中停留的时间约为1/24秒。动画正是利用了人眼的"视觉滞留效应"。如果每秒更替24个画面或更多的画面，那么，在前一个画面在人脑中消失之前，下一个画面就进入了人脑，进而形成了连续的影像。网页动画也是由若干静止画面快速交替显示而成。而构成动画的基本单位是帧，关键帧是有内容的帧，用于表现动作的转折、关键动作的位置以及首、尾帧。

在这一节中我们不仅要利用Flash创建动画，还要搭建整个网站。首先我们先了解下Flash创建动画的两种方式：

● 逐帧动画：在每一帧中绘制一个不同的画面，然后连续播放。

● 补间动画：只需设定动画起点和终点的画面，中间过程由Flash自动生成。

在补间动画中，Flash存储的仅仅是帧之间的改变值，而逐帧动画存储的是每一个完整帧的值。因此，补间动画的文件尺寸要比逐帧动画小（图17、18、19）。对于这4帧Flash动画，最终生成的动画大小由第1帧和第2、3、4帧变化了的部分决定。

如果你对该软件还一无所知，那么，我建议你可以先根据Flash程序提供的模板，从模板创建一个标准文件。我们首先新建一个Flash文件，在属性栏中将画幅的大小改为所需尺寸，宽度设为1000，高度设为600。在Flash中，默认的帧速率是12帧/秒，这样的频率比较适合制作网页动画。如果要使播放速度更快或慢，可以不选中场景中任何对象，直接使用"属性"面板进行修改（图20）。

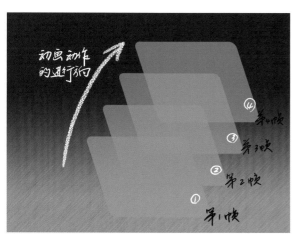

图17

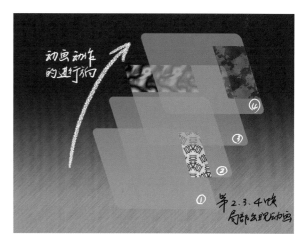

图18

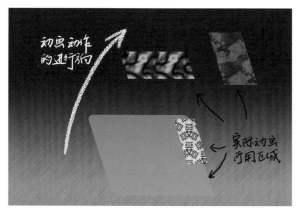

图19

图20

对担心学不好HTML和JavaScript的人们来说，Flash将为他们书写代码并提供最终的网页。如果设计师准备熟悉编制网页代码的细节并喜欢自己去编写代码，他仍然可以使用Photoshop来快速生成基本的图像部分，然后将它们载入Flash程序。接下来我们以学生的作品《合工作室》为例（图21）。此工作室是学生虚拟的一个艺术设计工作室，网站设计导航都放在左侧，视觉流程清晰，右边主体部分创建了大量Flash动画，在前期Psd 文件准备工作中，设计者将各个板块都分别放置在不同的文件夹里（图22）。现在我们把准备好的Psd文件导入到Flash文件中（图23）。

现在要在Flash里面检查Photoshop的图层，我们把图层中的文件夹打开，根据不同的图层性质，分别对待。如果是导航文字图层，我们往往希望保持文字的可编辑属性，所以在右侧选择"可编辑文本"，这样文字字体等都可以在Flash里面重新编辑（图24）。如果是图标（Logo）图层，我们往往希望图像保持优质的精度。所以我们在右侧"发布设置"里调整压缩模式为"无损"（图25）。如果在Photoshop里面图层非常多，我们希望一些图层打包在一个文件里操作的话，我们将此文件夹设置为"为图层创建影片剪辑"。这样图层的图标也会变为蓝色的影片剪辑标志（图26）。

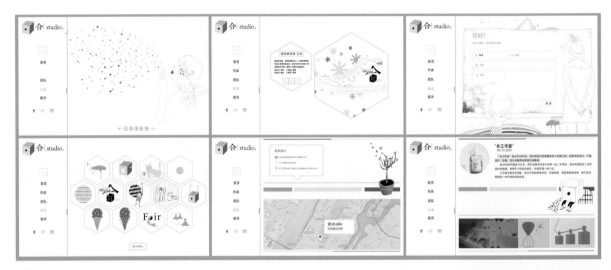

图21

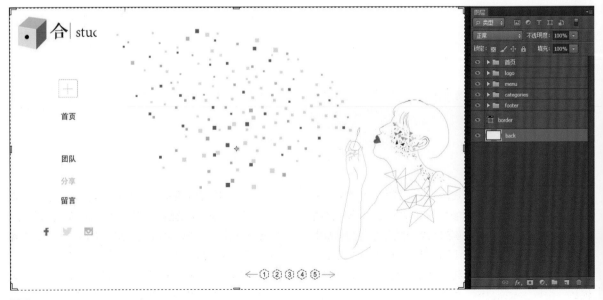

图22

图23

图25

图24

图26

接下来将导入的素材在时间轴上排好，每个页面占据时间轴20帧左右，此时帧数不是固定的，如果页面中有动画的话，可以根据动画的长度调整。接下来需要把Photoshop中设计的每个页面都导入到Flash里面，方法同上。需要注意的是，每个页面都占据时间轴一定的帧数，按页面排列次序，依次在时间轴上排列。同时，

每个页面上可能会出现些公共的部分，例如Logo、导航按钮、版权信息等，这些固定的内容需要在时间轴上从起始帧到末尾帧都出现，如果要添加帧的话，可以按F5添加帧，直到末尾帧也出现这些固定的内容（图27）。

现在在"库"中可以看到刚才导入的素材。一些素材需要变形、变色等动画效果，就可以将图像转换为元

件。配合属性面板，可以修改颜色、Alpha值等。事实上，做成功一个网页动画还必须掌握脚本语言的编写，一些千变万化的特效往往就是几句脚本语言编写而成，这样的动画既不占内存又效果奇特，单纯的补间动画和逐帧手绘动画往往望尘莫及。因而你若是想成为一名优秀的网页设计师，就必须具备基础的编程知识。我们接下来介绍一下较新版本的Flash特有的一个代码工具，它将许多繁琐的代码集合成"代码片段"，这对我们从事网页设计的艺术设计者来说是个非常实用的工具（图28）。如何使用"代码片段"呢？

1. 我们在窗口面板下打开"代码片段"；

2. 双击代码片段；

3. 代码将自动添加到动作（Action）图层，如果动作图层不存在，它将新生成动作图层；

4. 当前帧上将增加代码。

举例来说，在网站《合》中为红色F标志添加链接，链接到指定网站上。我们先将红色标志转换为元件"Facebook"影片剪辑。然后在代码片段的"动作"中选择"单击以转到Web页"（图29），这样就会在当前帧生成代码了，在窗口/动作中可以查看（也可以点击F9），动作面板的右侧显示了代码片段生成的代码，我们可以根据灰色的代码提示，将绿色部分替换成需要链接的网站，最后将灰色部分删除。这样一个网站的链接就可以通过代码片段轻而易举地实现了（图30）！除此之外，代码片段还可以方便地修改时间轴、音频、视频、移动等。我们在接下来的章节给大家介绍下利用代码片段的时间轴导航设计网站的控件。

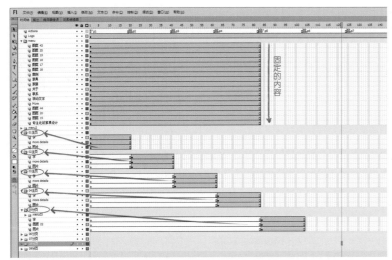

图27

图28

图29

图30

第七节　控件设计

应用软件：Flash

　　书页顶部的书眉通常显示每一章的标题，它可以让读者迅速找到想看的内容；书页下方的折角通常表明读者想要继续阅读的地方；书页中夹的书签也往往暗示了读者之前阅读的足迹。同样，网站也需要类似的标志，这样用户就不用再重复去去过的地方，而直接找到自己最感兴趣的地点。因而，让计算机帮助人们记忆这些地点，这对于成功的界面而言是至关重要的。例如，划线的文字在单击后被激活，它的颜色变为已经访问过该链接的标记色，为网站访问者提供参考。翻转

（Rollover）和动画的工作方式是相通的，例如，当把鼠标移动到按钮上时，它就会触发一种特效，这一直是网页上的常见效果，这样的效果既属于翻转效果也属于动画。一旦你掌握了它的工作原理，导入分层的Photoshop文件并制作动画和翻转状态就容易多了。因而，在设计网站控件时要设想好相关链接不同状态时形态或色彩的变化。我们可以在Photoshop里设计不同控件的样式，也可以直接在Flash里设计，在Flash软件里设计控件的优势是我们可以自由地添加动画样式。下面我们以《千金赋》红茶网站为例（图31），看看在Flash里如何设置导航。

　　首先将导航文字转换为"按钮"元件，并为其取名（注意不要出现中文）（图32）；然后，双击此按

图31　设计者：梁利军

图32

145

钮元件，进入场景下一级元件区，这里按钮出现弹起、指针、按下、点击四个状态。"弹起"，为鼠标不经过的状态，也是按钮原先的状态，这时通常我们不需要设置什么；"指针……"是我们鼠标经过的状态，我们可以将此按钮更改色彩或大小，或增加一些特效，《千金赋》红茶网站将鼠标路过时的导航字体设置成了绿色（图33）；"按下"为菜单文字在单击激活后的状态，往往提醒用户此项已浏览过，我们也可以改变字体大小、深浅等等；"点击"和"按下"如果内容相同的话，直接复制"按下"关键帧（或按F6）的内容。

在设计完控件后，我们就需要利用按钮建立网站间的链接，与页面的不同部分交互，或者跳转到不同位置，链接到其他URL上。以《BoConcept家具》网站为例，我们看看如何利用代码片段中的"时间轴导航"做配合，实现链接。

1. 设计者在Flash中将不同页面按时间轴顺序条理清晰地排列起来（第一个页面为第1-20帧，第二个页面为第21-40帧，第三个页面为41-60帧，以此类推）（图34）；

2. 将鼠标移至第一帧，找到窗口/代码片段/时间轴导航/单击以转到帧并播放，双击导航按钮（此例的按钮名称为"one"）；

3. 找到窗口/动作面板，里面新生成了动作代码：gotoAndPlay，将括号里面的数字改为下个页面的起始帧数，此例的第二个页面起始于第21帧，所以将绿色的代码改为21）（图35）；

4. 按照方法3，为其他所有页面添加时间轴导航，要注意的是导航按钮均为第一帧出现的按钮，也就是说所有代码片段都是在第一帧执行的，所以查看动作的话，所有代码都在第一帧出现（图36）；

5. 最后，在文件/导出/导出影片（或按Enter+Ctrl，swf格式的网站就生成了）（图37）。

我们前面为大家介绍了代码片段中的时间轴导航，这些代码只是冰山一角，关于更多的Flash代码信息可以查看Adobe官网，搜索关键词：Code snippets。这里提供了大量Flash片段代码的教程，特别是一些初学者的教程会给我们网站艺术设计师带来不少创作的灵感。

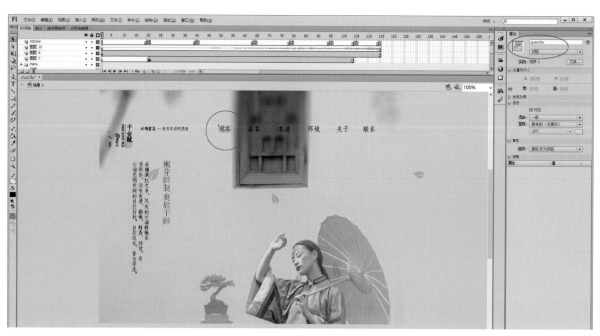

图33

图34

图35

```
1
2    /*单击以转到轴并播放
3    单击指定的元件实例会将播放头移动到时间轴中的指定轴并继续从该轴回放。
4    可在主时间轴或影片剪辑时间轴上使用。
5
6    说明:
7    1. 单击元件实例时,用希望播放头移动到的轴编号替换以下代码中的数字 5。
8    */
9
10   one.addEventListener(MouseEvent.CLICK, fl_ClickToGoToAndPlayFromFrame_27);
11
12   function fl_ClickToGoToAndPlayFromFrame_27(event:MouseEvent):void
13   {
14       gotoAndPlay("21");
15   }
16
17   /*单击以转到轴并播放
18   单击指定的元件实例会将播放头移动到时间轴中的指定轴并继续从该轴回放。
19   可在主时间轴或影片剪辑时间轴上使用。
20
21   说明:
22   1. 单击元件实例时,用希望播放头移动到的轴编号替换以下代码中的数字 5。
23   */
24
25   jiantou01.addEventListener(MouseEvent.CLICK, fl_ClickToGoToAndPlayFromFrame_31);
26
27   function fl_ClickToGoToAndPlayFromFrame_31(event:MouseEvent):void
28   {
29       gotoAndPlay("41");
30   }
31
32   /*单击以转到轴并播放
33   单击指定的元件实例会将播放头移动到时间轴中的指定轴并继续从该轴回放。
34   可在主时间轴或影片剪辑时间轴上使用。
35
36   说明:
37   1. 单击元件实例时,用希望播放头移动到的轴编号替换以下代码中的数字 5。
38   */
39
40   nan01.addEventListener(MouseEvent.CLICK, fl_ClickToGoToAndPlayFromFrame_45);
41
42   function fl_ClickToGoToAndPlayFromFrame_45(event:MouseEvent):void
43   {
44       gotoAndPlay("61");
45   }
46
47   /*单击以转到轴并播放
48   单击指定的元件实例会将播放头移动到时间轴中的指定轴并继续从该轴回放。
49   可在主时间轴或影片剪辑时间轴上使用。
50
51   说明:
52   1. 单击元件实例时,用希望播放头移动到的轴编号替换以下代码中的数字 5。
53   */
54
55   jj1.addEventListener(MouseEvent.CLICK, fl_ClickToGoToAndPlayFromFrame_46);
56
57   function fl_ClickToGoToAndPlayFromFrame_46(event:MouseEvent):void
58   {
59       gotoAndPlay("81");
60   }
61
62   /*单击以转到轴并播放
63   单击指定的元件实例会将播放头移动到时间轴中的指定轴并继续从该轴回放。
```

图36

第八节　站点设计与排版

应用软件:Adobe XD

目前用于网站设计的主流软件有Sketch、Axure和XD。Sketch作为轻量的矢量设计软件在网页设计上有PS无可比拟的优势,遗憾的是Sketch不支持Windows系统。Axure是一款专业快速的原型设计工具,使用人群多是产品经理。XD是由Adobe公司开发的一款矢量设计软件,能够轻松地完成网页设计及简单的交互设计,在Mac OS和Windows系统上都能获得比较好的体验,支持在IOS和Android设备上的实时预览,除了Adobe云服务外,XD的其他功能都是免费的,并且能够与Adobe的其他软件无缝衔接,甚至可以打开Sketch文件,一键切换"设计模式"和"原型模式",XD面对的主要是UI设计师。

XD软件提供了免费教程,预设画板提供了移动端、平板电脑、电脑网页端三组默认画板,如图38。XD新建文件后进入设计界面,一个画布上可以创建多个画板,画板可以是相同尺寸来设计同一个产品的不同界面,也可以是不同尺寸来设计适配不同的终端。由于XD是一款矢量设计软件,设计中的矢量内容在一定程度上是可以任意缩放的,缩放不会降低图片质量。所以

图37　设计者:王如意

XD中默认的画板尺寸就是一倍图的尺寸，不需要用PS默认的二倍图尺寸。其中"重复网格"功能大大减少了设计师的工作量。绝大部分需要重复的设计工作都能通过重复网格来实现，几秒钟就可以制作一个列表，不需要通过复制粘贴等多重操作完整列表的制作。

在完成界面设计后，需要在画板之间连线实现页面交互了，这就需要用到"原型模式"。在原型模式下，选中任何一个画板后，画板左上角出现灰色"小房子"男，选中该按钮，该画板就被设置为首页，首页是项目设计的第一个页面，预览或访问项目都从这个页面开始，每个项目都需要设置一个首页。

在原型模式下，选中任何一个元素，页面右侧都会出现一个蓝色小箭头，选中蓝箭头将其拖动到另外一个画板，就创建了页面之间的链接。如图39，我们看到页面之间通过箭头和虚线进行了多重关联，除了设置页面跳转的逻辑关系，页面以何种方式切换，如何过渡，采用何种动画都要在原型模式下调整，如图40。

XD在电脑端有桌面预览功能，单击XD右上角的"桌面预览"按钮，就可以预览交互效果，预览时还支持交互过程录制为视频保持到本地。同时，XD还有配套的IOS和Android客户端，安装后连接手机或平板电脑，可以在移动端上设计和原型，还原真实的效果。通过共享，可以将原型生成或在线链接，生成设计规范或保存为云文档共享给同事或客户。

提供设计规范给开发人员，开发可以查看设计尺寸、页面之间的链接关系，还可以查看对象所使用的宽高、字符样式及颜色等属性，便于开发人员进行开发，更好地还原设计内容。

以下为学生创作的优秀案例，我们可以结合创作思路从视觉规范设计、逻辑框架图、效果图几个方面理解站点的设计与排版。

图38

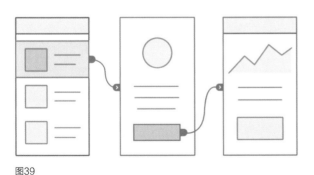

图39

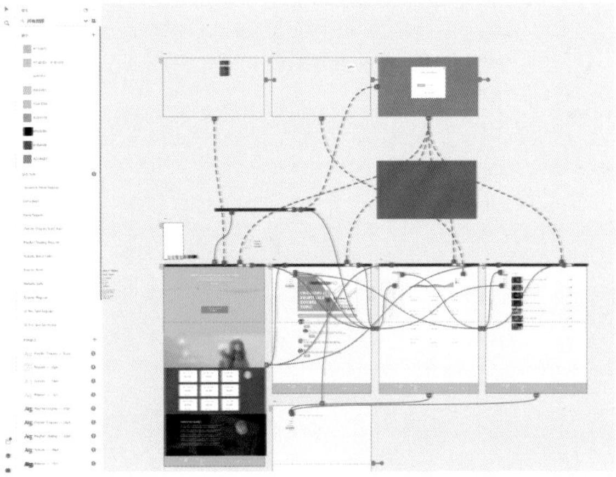

图40

《Peace》创作组设计了一款以游戏为载体，冥想作为调节心境方法的交互式社群化网站。该网站以树木作为精神力的传输，指导需要调节压力的人正确地冥想，从而完成精神压力的调节。网站采用水墨背景，浏览者进入之后感觉十分放松（图41）。

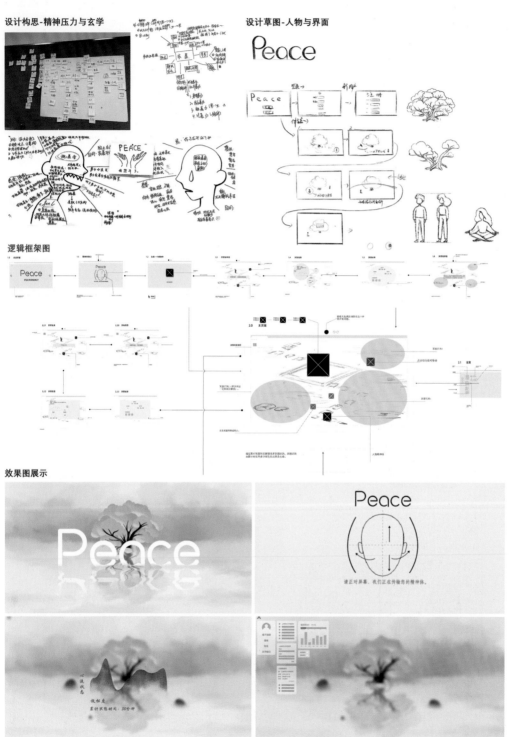

设计构思-精神压力与玄学

设计草图-人物与界面

逻辑框架图

效果图展示

图41　作者：赵怡依　耿晓凡　钟瑜婷　陈紫玥　裴彦开

心脏急救是人命关天的大事，利用App可以帮上什么忙呢？《心音》创作组以简洁的界面设计最大化地实现功能性，各种图标设计具有高效的解读性，为治病救人赢得宝贵的时间（图42）。

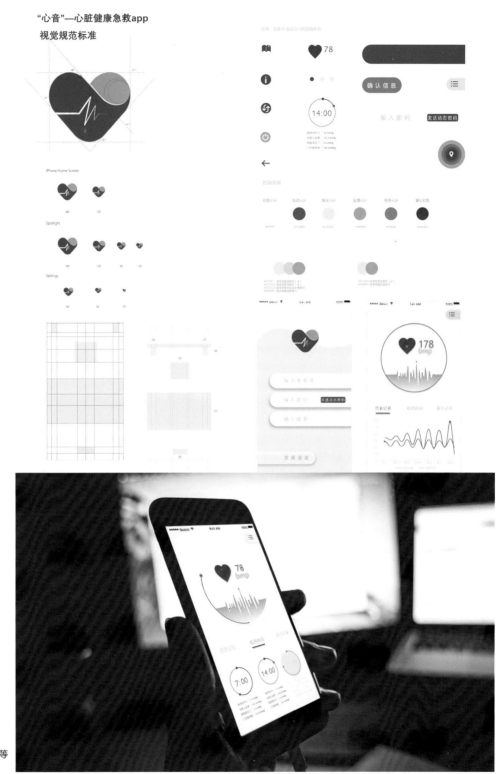

图42　作者：董铭磊等
《心音》创作组

《给你》创作组以漂流瓶为主线创作了一款轻量社交APP，主旨为"独白，不要藏起来"，其亮点在于设计的交互动画，"爱心"四散发光，用手触摸爱心说话，海水逐渐灌入，录音进入倒计时，手松开后，录音结束，瓶子不再发光，用户接收到随机的漂流瓶可以收听并回复，从而完成交互。

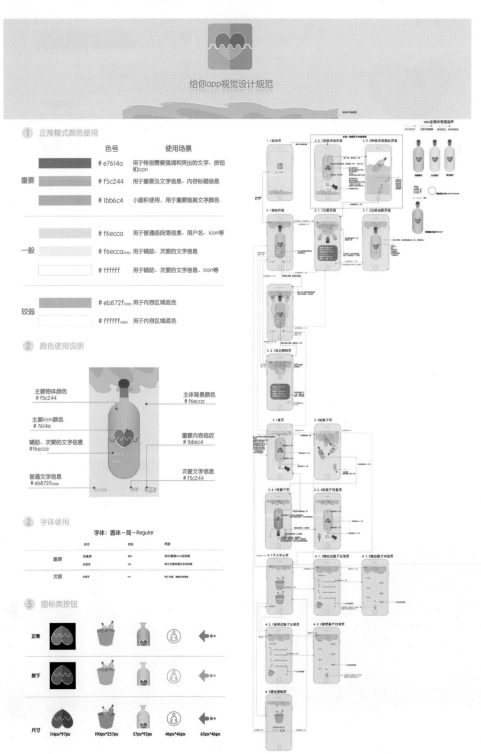

图43 作者：郝文嘉 黄欣 杨龙贤 薛韵媛 金梦婷

《简单点》创作组为了解决食堂用餐高峰期点餐难的问题，设计了一款简单易用的点餐APP，整个界面设计活泼轻松，增添了用户的食欲。

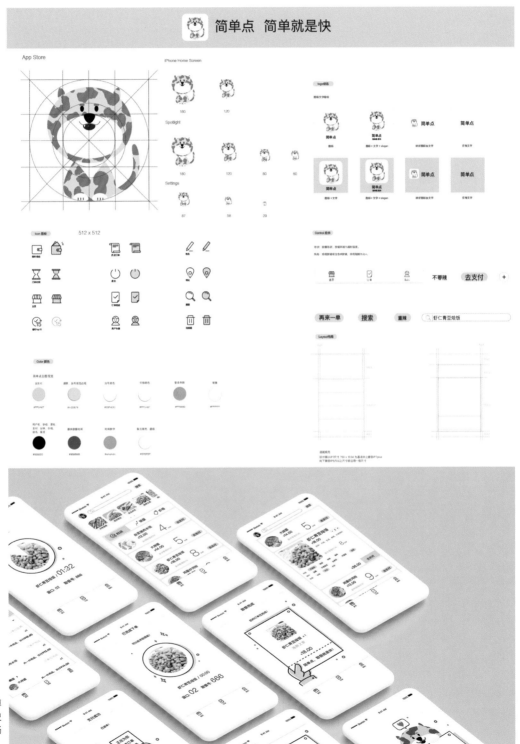

图44　作者：傅钰萱　柯小惠　史剑红　钱佳靓　杨怡祺

《守艺》创作组"以手传艺 以情守艺"为主旨设计了一款传承民间手艺的APP。主页按钮采用民间建筑图形，登录与注册页面也将这种风格贯彻，呼应了主题。

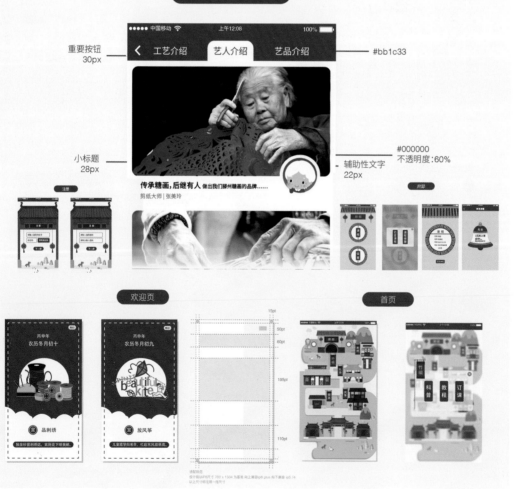

图45 作者：
虞嫣迪　门宽
仪　马艳楠
李苗苗

《QME》创作组为怀孕妈妈设计了"关爱宝宝，更关心你"的一款监控健康数据的APP，界面以温暖的玫红色为主基调，打造了一个关爱女性的私密空间。

图46 作者：蒋可欣
韩筱 王语嫣 阮丹
宁 倪晓洁

《设交》创作组设计了一款为年轻设计者保护知识产权的APP。该应用程序为客户提供设计方案价格衡量器，以保证在交易过程中对应不同种类情况的价格合理分化，给刚起步的大学生设计者一个合理公正的平台。App的图标设计十分具有亲和力，吸引了年轻的设计师在这里找到交集。

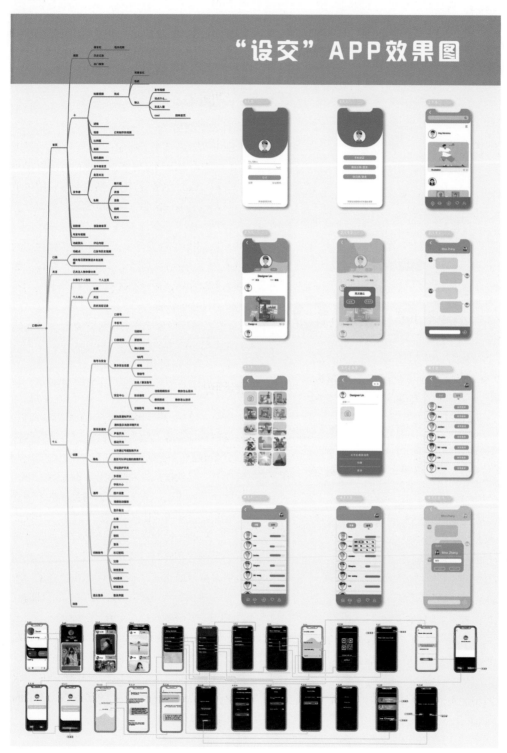

图47　作者：金紫薇　王裕霞　陈孜涵

第九节 网站发布实例操作

如果你已经拥有网上最生动、最实用、最漂亮、最有教育意义、最具洞察力、最具娱乐性的通信中心，你就必须让客户知道这个网站的存在，让人们来访问并认可你设计和制作的网站。所以，对每个网络方案而言，宣传工作是必不可少的，你必须想方设法促使它成为客户非看不可的站点。这一章我们重点学习一下网站发布的概念及技巧。

一、有关域名的基本概念

1. 域名的概念

域名是互联网上一个网络系统的名字，全世界没有重复的域名。域名是由若干个英文字母或数字组成，由"."分隔成几个部分。

2. 域名的分类

互联网域名根据类别划分为几种，平时常用的主要有.com、.net、.org3种。国内域名也遵循国际惯例设定，包括类别域名和行政区域名两套。依照申请机构的性质域名可以分为这几类：.ac——科研机构，.com——工、商和金融等企业，.edu——教育机构，.gov——政府部门，.net.——互联网络、接入网络的信息中心，.org——各种非营利性组织。

3. 域名命名的规则

域名的命名有以下共同的规则。

域名中只能包含以下字符：26个英文字母；0、1、2、3、4、5、6、7、8、9共10个数字；英文中的连字号"-"和"_"。在域名中不区分英文字母的大小写，对于一个域名的长度也有一定的限制。

国内域名命名规则如下。

a）遵照域名命名的全部共同规则

b）只能注册3级域名。3级域名用字母（A-Z和a-z等）、数字（0-9）和连接符（-）组成，各级域名之间用实点（.）连接，3级域名长度不能超多20个字符。

c）不得使用或限制使用某些名称，具体名称请参阅相关文件。

二、申请免费域名

有一些提供免费域名的网站可以申请免费注册域名。注册域名的方法一般很简单，只需要提供要注册的域名、密码、E-mail地址以及以前的主页地址就可以了，一般情况下申请后马上生效，有些还提供在线修改的功能。

三、申请空间

申请空间的方式有三。

1）租用ISP和Web服务器磁盘空间。将自己公司或个人的主页放在ISP的网络服务器上。这种方法对于一般中小型企业和个人来说是最为经济的方案。虚拟主机与真实主机在运作上毫无区别，这特别适合那些信息量和数据量不大的网站。

2）将已经制作好的服务器主机放在ISP网络中心的机房里，然后借用ISP的网络通信系统接入互联网。如果企业的网络有较大的信息量和数据量，需要很大的空间时，就可以采用这种方案。

3）对于学生或一般网页设计爱好者来说，最为经济和实惠的方案即申请免费空间和免费域名。

四、上传网站

在上传网站之前我们先了解一下FTP的概念。

我们常说的FTP实际上指的是FTP协议，即文件传输协议（file transfer protocol）。网络诞生之初人们要交换文件时只能采取磁盘复制的方法，非常不方便。有人就提出，既然有了网络为什么不能通过网络传送文件呢？为了实现这个功能，国际组织制定了FTP协议。这个协议用于主机间传送文件，主机类型可以相同也可以不同，还可以传送不同类型的文件。通过FTP，我们可以在网络中直接传送文件而不再使用磁盘媒介了。所以说FTP的应用范围很广，是最普及的文件传输协议。

我们可以在"凡科建站"（http://jz.faisco.com/）网站申请免费空间并上传网站。进入凡客建站申请免费空间的网页，登记个人信息，根据网站提示，登录进入你的免费空间，此空间不需要利用专业FTP软件即可上传，只要点击浏览按钮，选择你需要上传的网页及素材即可完成上传。

另外，Dreamweaver软件本身就具有FTP功能。当网页制作完成之后，可以使用此功能直接上传而不需要专门的FTP工具。在管理站点中将"测试服务器"选项进行修改，将访问类型改为"FTP"，并将FTP主机名称改为你申请的空间的FTP名称，并输入登录名和密码。再按上传按钮，最后测试服务器，网站就建成了。

五、测试与维护

在你设计完一个网站，并把它交给你的客户或网站管理员之后，并不意味着网站建设任务的终结，一个网站要获得成功，需要不断地进行测试与维护。首先你需要进行内部测试，将你的站点存储在本地硬盘中上，而不是外部的服务器上。尝试你的用户可能使用的各种浏览器、计算机平台、插件程序，从而检查出无法使用的链接、没有保存好的图片，以及与你的设计不符的布局。修改错误并继续测试。最后将站点上传到主机服务器，再进行测试。

对于一位设计者而言，观察和感受是创造的基础，突破创新的成功往往来自持久思考后的灵感飞跃，在建设完一个网站之后，你必须与访问者交互、了解用户需要什么信息及用户浏览网站的感受，积极地改善你的页面设计，也可以将这些经验用于以后的网站建设中，而这些努力都会在以后网站运行良好时得到百倍的回报。

图书在版编目（CIP）数据

网页设计 / 倪洋著. —— 4版. —— 上海 ：上海人民
美术出版社，2021.1
ISBN 978-7-5586-1883-3

Ⅰ．①网… Ⅱ．①倪… Ⅲ．①网页制作工具－高等学
校－教材 Ⅳ．①TP393.092.2

中国版本图书馆CIP数据核字(2020)第252350号

新视域

网页设计（第四版）

作　　者：	倪　洋	
责任编辑：	孙　青	
排版制作：	朱庆荧	
技术编辑：	陈思聪	
出版发行：	上海 人民美術出版社	
	（上海长乐路672弄33号）	
	邮编：200040　电话：021-54044520	
印　　刷：	上海光扬印务有限公司	
开　　本：	787×1092　1/16　10印张	
版　　次：	2021年4月第1版	
印　　次：	2021年4月第1次	
书　　号：	ISBN 978-7-5586-1883-3	
定　　价：	68.00元	